CJ集團
韓流爆紅經營術

從製糖公司走向韓國第一影視帝國，
席捲全球浪潮的 7 大致勝關鍵

CJ 의 생각 : 문화에서 꿈을 찾다,
7 가지 창조적 여정

高成連 (고성연) 著
黃莞婷 譯

在 21 世紀，文化產業將成為各國一決最終勝負之地

——彼得 · 杜拉克 (Peter Drucker)

CJ：讓韓流中的「K」文化與商業結合兼融的孵化者

　　「請回答 90 年代」——回到上世紀 90 年代，曾經受戰火摧殘導致經濟水平陷落猶如全球至為貧窮的國家之一，位於朝鮮半島南端的韓國，竟然能夠僅花上短短不到 30 年的有限時間，憑著每一位甘願地於工廠每天埋頭苦幹工作十數小時，從事勞動工作的韓國人的艱苦貢獻，最終創出了人類史上罕見的經濟奇蹟，成功將韓國送進了象徵著發達國家的經濟門檻，國民在這個被稱為「漢江奇蹟」的韓國經濟夢下，不再為溫飽而憂心忡忡，隨之而來的，則是衣食無憂的豐衣足食好日子的來臨。

　　韓國人人均消費力於 90 年代初躍升至富裕國家的水平，工時長的工作亦隨著產業轉型而陸續消退，一邊既擁有經濟能力，且又能享受更多閒暇時間的韓國人，如何好好充分安排他們的空餘時間，當時便成了他們最苦惱的難題。數十年來，數韓國人至

為愛不釋手的娛樂節目及電影，絕對在他們生活文化中占據著不可取代的關鍵位置，連在戰火漫天的艱難時期，電影院一直都是韓國人至愛連流的場所。只是，到了 90 年代，時而世易，一幅幅掛在首爾大大小小電影院門外展覽板上的海報，卻不是向來主導韓國當地市場的韓語電影，取而代之，則是一部接一部標榜著大卡司、高品質與高視覺效果投資的好萊塢電影，韓國電影只淪為無人問津的遺棄物而已。

就在韓國電影陷入史無前例的冰點時期之際，一家原來只是從事食品製造的韓國企業，卻選擇在此時反其道而行，竟然在韓國面臨金融風暴挑戰的陰霾那刻，大灑金錢進軍眼前不見短期內有利可圖的娛樂事業，並以大舉投資發展韓國電影與電視業為雄心目標。那選擇人棄我取的，就是原來稱為「第一製糖」，後來易名改為韓國一大娛樂巨擘企業──「CJ 集團」。

適逢韓國不幸遇上經濟泡沫爆破的「IMF 金融風暴」，原有不少從事製造業的大財閥因支不抵債而一一倒閉收場。在經濟全失掌舵方向下，韓國本已有迫切需要地重整旗鼓，發掘新的經濟動力引擎，再次出發，另外，那些瀕臨崩潰邊緣的大企業，出於挽救自己，更有動力開發新經濟產業，希望能在瓦礫中找出生機。就在此時，在韓國人向來眼中只是燃燒金錢的流行文化項目，卻

在 21 世紀來臨之際，被冠上了產業的名目，稱為「文化產業」。那時，不論是流行音樂、電視劇與電影，都不再只是留於一堆音符與影像而已，它們卻同時能負載上前所未見的「吸金力」。只不過，究竟那些經濟回報是何時出現，一切都是未知之數。

縱使存在著數之不盡的疑慮，CJ 卻沒有舉棋不定，亦沒有選擇猶豫不決，反而堅決相信「文化娛樂」與「營商回報」之間終歸是擁有著一個相等符號，便果敢地成立「CJ 娛樂」，從電影發行開始，投資韓國電影市場發展。在過去十數年間，當然失利的占不少，但當中他們亦在過程中累積了經驗，也在投資之間廣建了人脈網絡，一步步地提升了韓國電影的題材與製作元素，最終在 2020 年的作品《寄生上流》，迎來了他們期待已久的收成品。

相較電影產業，「CJ 娛樂」對韓國電視市場發展也擁有著不一樣的野心。透過不斷創新，並且在尋找市場定位上，抱持著比傳統電視台更大的製作彈性，結果不單只成功招兵買馬，引來一大批出眾的製作人加盟旗下的「tvN」頻道，並製作出包括《請回答》系列、《花漾》與《一日三餐》系列等收視與口碑俱備的節目，近來 tvN 更與時並進，大力發展網路 OTT（串流媒體，Over-the-top media services）服務，在吸引年輕人影視市場上

積極地推進新計劃，讓其熱潮不斷延續下去。

到了 2021 的今天，作為「MAMA」與「KCON」始創者，「CJ 娛樂」已成功地將其品牌形象與韓流連上了密不可分的連帶關係。究竟未來的韓流會走向哪一方向，了解「CJ 集團」在想什麼，絕對是預測下一個韓國潮流大作誕生的引路燈。

鍾樂偉

（韓國文化研究學者、香港中文大學全球研究課程助理講師）

　　我從小就熱衷於富實驗性又不失大眾性的英文大眾文化，並且相當佩服彼得・格林納威（Peter Greenaway）、丹尼・鮑伊（Danny Boyle）等導演的電影作品。同時，我也被製作《西貢小姐》（*Miss Saigon*）、《悲慘世界》（*Les Misérables*）等音樂劇的卡梅倫・麥金塔（Cameron Anthony Mackintosh）吸引，更受到已離世的音樂家暨革新者大衛・鮑伊（David Bowie）的影響，愛聽英式搖滾樂。之後，我因為某種契機迎來了從產業角度看待英國的機會。在我還是《韓國經濟新聞》產業部記者的時候，我在準備「設計經營」系列的過程中，將關心的觸角拓展到「創意產業」（Creative industries）。「為什麼英國的文化產品如此有魅力呢？」「培育創業產業的根本動力是什麼？」雖然有很多國家都擁有豐富的文化遺產，然而，鮮少有國家能讓珍貴遺產在現代產業中重新開花，不是嗎？

我決定直接從創意人士處尋求答案。在倫敦留學期間，有空就去採訪時尚、產業設計師與建築等各種領域的英國代表性創意人士。最終，整合出幾個關鍵字，讓我理解英國是如何融合「多元文化」、「折衷主義」（Eclecticism）及「水平思考」（Lateral thinking）一類要素的文化土壤，與傳統的自豪感形成絕妙的組合，進而發展出創意力。在進入 21 世紀之後，倫敦成為創意產業樞紐，英國政府決心不仰仗「莎士比亞」的光榮，以全新的創意扶植英國成為閃耀的文化大國，也發揮了很大的成效。

　　不僅如此，我還有另一項發現。許多英國人對自己的創意感到自豪，靠著創意 DNA 為基礎，從而發揮企業家精神，串接全球化市場。但英國人的文化產業卻落後於美國。對此，英國人感到心酸。儘管每位英國人都擁有出色的才華，但在英國蘊含了個人實力的文化產品需面臨的現實是，旗下擁有多家媒體，足以引領好萊塢或百老匯一類「品牌」的「美國株式會社」，這些大型公司遠比英國公司多太多了。實際上，無論是哪一個國籍，美國幾乎壟斷了所有能吸收優秀人才的創意力量，發散出「價值」的全球化平台。為什麼「美式體系」能擁有占有大眾文化的壓倒性霸權呢？甚至人們不認為美國文化產業「是強迫，而是誘惑」，這些美國企業的力量究竟從何而來？在大眾文化全球化快速發展的數位時代，文化產業這個激烈又極富吸引力的產業的權力格局又將如何改變？

這本書讓我有機會從 CJ 企業的視角，認真地探索答案。無論是讓大多數韓國國民陷入復古情懷的電視劇《請回答 1988》（응답하라 1988），或是引起社會迴響的電視劇《未生》（미생），亦或大快人心的電影《鳴梁：怒海交鋒》（명량）、《辣手警探》（베테랑）。韓國大眾通過這些作品熟悉了 CJ，但 CJ 企業早從 20 多年前就已下定決心要全力發展韓國文化產業，儘管毫無本錢，但他們仍舊下了挑戰書。CJ 的前身「第一製糖」，是自創立以來，40 多年以生產糖與麵粉為主的企業。當時，為了往後能以「文化」的關鍵字經營事業，第一製糖毫不猶豫地投身電影產業，並把公司兩成的營業額，即 300 億韓元（折合新台幣約 7 億 1000 萬元）投入好萊塢新成立的公司夢工廠。在他人眼中，當年市場處於熱衷製造業時期，第一製糖作為食品企業，擁有優渥的獲利利基，卻做出如此大膽之舉，實屬出人意表。

對 CJ 來說，這項投資蘊含了讓公司躍升成亞洲好萊塢的雄心壯志，更是賭上命運的策略性殺手鐧。因為 CJ 認為要想靠韓國資本與力量，創造出足以與「主流」的英美圈文化模式抗衡的文化商品，其先決條件是創造具有競爭力的平台與體系。從那之後，CJ 積極地開闢新篇章，不僅涉足電影發行，也多方面拓展產業，像是電影企劃、投資、影城、電視節目、電視購物，以及舉辦「體驗經濟」等各種活動。這不是單純的「拼布」式（Patch Work）佈局。每一個 CJ 選擇的十字路口與實踐過程都如實地反

映了 CJ 對「文化」的煩惱。為了讓家庭購物注入娛樂元素，CJ 重新把電影院定義為多元文化產品能跑跳玩樂的遊樂場，還有把文化內容融入食品中，在上述的背景下，CJ 的煩惱是想當然之事，這也是為何本書分成七章，分別聚焦在引領 CJ 文化事業的戰略選擇，以及成為產業藍圖基礎的 CJ「致勝關鍵」上。

如今 CJ 已全方位深入我們吃、穿、看、享受的「日常生活」，也是國際間少見的擁有多元事業資產組合的企業。討論大韓民國或亞洲文化產業，不可能不提起「CJ」。然而，與我的偏見不同，CJ 從過去 20 年間到現在，經歷了試誤多於成功的艱辛旅程。CJ 的孤軍奮鬥之所以有趣，是因為它走著過去沒人走過的路；因為這不僅是一家企業的案例研究（Cast study），同時能一併回顧韓國文化產業發產軌跡；因為這 20 年恰好是全球大眾文化最蓬勃發展的時期，更是國籍、模式與平台的經濟界線，被數位化潮流打破的「混亂」與「變革」時期。

還有，更重要的是，因為這是關於有創造性的人們的故事。「人才」及其能進行發揮創意力量的基礎不正是負責經營文化產品的「企業 R&D」（Research and Development）嗎？還有假如 CJ 沒有以企業家精神，將無數個體培植成人才，將他們的頭腦、熱情、想像力融合成集體智慧（Collective genius），也許就沒有現在的 CJ。往後也一樣。製作內容事業的企業，無論是企劃人士、藝人或行銷人員，都背負著往「人」身上投資的宿命

（有鑑於他們對「協同創新」的貢獻，他們每個人都有資格被稱為「內容創造者〔Creator〕」）。我好奇 CJ 往後的 20 年風貌，不能不替他們加油打氣，我希望在這個過程中，CJ 能創出更多的機會與創造社會財富給更多的人。

另外，對 CJ 來說，另一段 20 年的旅程絕非一段順坦之旅。因為儘管 CJ 已經是打開韓國文化產業大門，奠定了一定地位的大企業，但從國際角度來看，CJ 只不過才剛起步罷了。在擁有穩固體系與跨國網路的「巨人」們的支撐下，加上中國有心成為文化產業中的「兩國企業」（G2），高喊中國口號的「恐龍」存在感日漸增強的情況下，有心開拓文化產業的絲路的 CJ，無異於是另一位「大衛王」。

在全球企業圍繞著充滿誘惑力的單詞「文化」布陣的產業局面下，這是一個巨大資本的戰場，也是以悠久歷史與縝密部屬為基礎展開的象棋棋盤。要在這個權力構圖上掀起軒然大波而邁出豪邁步伐的 CJ，相較於在霸權之爭中占據優勢，CJ 更希望以真誠的內容展現全球文化的多元性，成為助長韓國「軟實力」的企業。CJ 的內容創作者們就是以這種心願欣然答應我的採訪。還有，更廣泛來說，韓國無數的內容創作者的實力並不比任何人差，因為他們的靈感與汗水，我才萌生寫這本書的勇氣。

2016 年 2 月
高成連

目次

第一個致勝關鍵

擁有符合夢想的系統
擁抱 3000 億的未來

第二個致勝關鍵

選擇失敗
不能放棄票房大片的理由

第三個致勝關鍵

有時需要超越需求的平台
改變電影院存在感的影城

第四個致勝關鍵

不是觀眾，是超級粉絲
Made in tvN

第五個致勝關鍵

我們販賣生活方式
打破電視購物框架

擁有符合夢想的系統

擁抱3000億的未來

「企業的本質是給予人們開拓市場的機會。」
——法蘭克福大學歷史系教授普魯姆波（Werner Plumpe）

Background Story
糖與史蒂芬・史匹柏

1995 年 4 月，全球電影界關注著好萊塢打造的曠世名導史蒂芬・史匹柏（Steven Spielberg）的動向，不過大家不是因為好奇他的下一部作品。在那個時期，史蒂芬・史匹柏不僅以「導演」的身分活躍著，他與打造出迪士尼《阿拉丁》（*Aladdin*）、《獅子王》（*The Lion King*）等熱門作品，10 年來以動畫電影發行人身分活躍的傑佛瑞・卡森柏格（Jeffrey Katzenberg），以及在唱片業如慧星般存在的大衛・葛芬（David Geffen），三人搖身一變一起成為領導新電影公司夢工廠（DreamWorks SKG）的事業家。當時夢工廠已經從微軟（Microsoft，MS）共同創始人保羅・艾倫（Paul Allen）處成功募集到約 5 億美元資金（折合台幣約 139 億元），正在尋找第二位投資者。當時微軟是號令天下的最先進產業先鋒，誰能夠加入微軟與夢工廠的夢幻組合[1]，成為下一名打者呢？大多數的人對此提高警戒。

然而，意外消息傳來，繼微軟之後的第二名投資者是名為「第一製糖」的韓國食品企業。第一製糖向好萊塢也在矚目的夢工廠注資 3 億美元（折合台幣約 83 億元），成為夢工廠的戰略夥伴。

　　當時由於 1988 年的「漢城奧運」（漢城 2005 年正名為「首爾」），韓國正密切關注電影產業。眾所周知，漢城奧運成為韓國成長的契機，韓國企業在汽車、造船、建築以及半導體等多種領域高奏凱歌，這股氣氛甚至擴散到服務業。

　　服務業，其中作為高附加價領域的電影產業之所以能敲開大門，也是多虧了漢城奧運。VCR 以 1988 年奧運為起點，在韓國普通家庭裡占據了一席之地，錄影帶市場急遽蓬勃發展。1990 年代初期，韓國三大家電企業三星、LG 和大宇將目光轉向支撐錄影帶市場的「內容」（Contents）市場。想刺激錄影機的銷量，就需要「看頭」。

　　由於光靠國外電影無法順利運作其他項目，因此韓國企業開始投資製作韓國電影。1992 年，三星為爭奪錄影帶市場霸權而投資的韓國電影《結婚的故事》（결혼 이야기）大獲成功，驅使企業們更積極地動作。還有，那時恰好發生一個強而有力的國外案例，案例主角就是史蒂芬・史匹柏導演 1993 年的作品《侏儸紀公園》（Jurrssic Park）。

　　「《侏儸紀公園》僅僅一年就創下 8 億 5000 萬美元（折合

台幣約 237 億元）票房，約等於出口 150 萬輛汽車所能獲得的收益。」[2]

當時的韓國科技部長官李祥羲向總統匯報，強調內容產業的潛力。一部電影居然能起到數十萬輛、數百萬輛韓國國產汽車營業額的效果，這對汲汲營營地找尋未來餬口食糧的韓國企業來說，絕無不感興趣之理。直到 1990 年代中半期，大宇、碧山、海太、漢寶、SKC、世韓、真露等 20 多家大企業爭先恐後地進軍電影業。

對於這種現象，電影業界內人士的視線大致分為兩派，批判派強烈斥責，「大企業拿錢瞎攪和」、「被金錢蒙蔽雙眼，把韓國電影振興大業拋在腦後了。」有對韓國土財主資金心生反感的反對派，相對地，就有不少歡迎企業涉足電影業的擁護派。儘管被稱為「忠武路版」的現有電影業界獨有的團結是優點，但韓國電影業界低資本，與以師徒制進行人力分配的習慣根深蒂固，以致有影響力者自成一圈，排他氛圍濃厚。雪上加霜的是，隨著外商在韓直接發行電影的方式盛行，製作韓國本土電影的資本枯竭。在等待出人頭地機會的有實力的年輕電影人，自然表態歡迎大企業資本進入。

就在這時發生了「大事件」。過去沒有存在感的「製糖公司」第一製糖，竟與所有人夢寐以求的電影業頂級名牌史蒂芬‧史匹柏攜手合作，所有人都大吃一驚是很正常的。韓國報紙頭條

大肆宣傳這起跨越國境的戰略合作，自不在話下，海洋另一頭的《紐約時報》（*The New York Times*）也大篇幅地報導此事。第一製糖的資金規模約為 1 萬億韓元（折合台幣約為 27 兆元）[3]。以東方小國來說，尤其是食品企業，考慮到自身規模（銷售額）的話，第一製糖投入總資金的五分之一，斥資鉅額結成事業同盟，結盟對象居然是跟食品產業完全兩個世界的電影產業，就連第一製糖的員工也目瞪口呆。雖然也有人感到津津有味，樂見其成，但大多數的人一頭霧水。當時第一製糖是三星集團旗下的穩定度高的食品企業，有些員工正是考慮到這一點才進入公司，這些員工突然間會感覺自己好像進入「戲子行業」，也是人之常情。

擄獲夢工廠的「牛仔褲協商」

其實，這起事件的背後有著微妙的命運交錯。此前，某一家韓國企業為了拓展事業版圖，率先敲開了籌措外來資金的夢工廠大門。正是三星集團。實際上，三星集團與夢工廠雙方進行過真摯的商談。美國主流媒體《今日美國》（*USA Today*）一度報導，「韓國三星集團極有可能大量收購夢工廠股份。」[4]

三星集團李健熙會長以收藏 6000 多部電影而出名，他十分關心這場協商。這場協商為何破裂？參考美國時事周刊《時代》（*Time*）與韓國《東亞日報》的報導所言，當時的情況如下。三星開出 10 億美元（折合台幣約為 270 億元）的投資金額，條件是

三星要成為單獨投資者，但夢工廠三人幫不需要半導體巨頭撐起的巨傘。他們希望降低韓國數一數二的半導體企業開出的「大手筆」投資額，保持自己的經營權。也就是說，雙方要的不一樣。[5]

「我們不希望被一個集團壟斷經營權，比起一隻價值 9000 英鎊的大猩猩，我們更喜歡和三隻價值 3000 英鎊的大猩猩共事。」

大衛 · 葛芬精簡扼要地說明了夢工廠的立場，他的比喻令人印象深刻。因為夢工廠收到很多像微軟共同創始人保羅 · 艾倫等「大咖」投資方的合作提議，所以站在他們的立場來說，放棄與三星的合作，不足為惜[6]。打破多數人的預想，一傳出三星和夢工廠協商破裂的消息，原本就密切關注這起投資案的第一製糖立即出面。1995 年 3 月底，當時第一製糖常務李在賢組成協商小組，和姐姐李美京理事飛往美國洛杉磯。[7]李在賢在與好萊塢巨頭們談判之前，苦思冥想應對策略，他真摯堅決地告訴沒有任何想法的李美京理事：「接下來要談的是文化，是我們的未來。」[8]

既然如此，李氏姐弟促成這樁「交易」的秘訣是什麼？第一製糖協商小組從會面地點就按好萊塢自由奔放的風格走。他們在史蒂芬 · 史匹柏的個人工作室「安培林」（Amblin）見面，而非飯店或辦公室。在那個地方完全找不到領帶或西裝一類的正式

服裝。來自遙遠國度的 30 多歲韓國姐弟穿著 T 恤、牛仔褲和運動鞋參加協商。兩大陣營的利害關係當事人用簡單的披薩，取代了有品味的正餐，瀟灑熱情地交流意見。

第一製糖的提議簡單明了。他們不是說，我們要投資，讓我們拍一部韓國市場也買單的電影，而是表示希望能在發展影視產業的過程中，得到有系統的幫助，第一製糖的有意建立真正具有創造性的合夥關係。李氏姐弟表示儘管第一製糖以電影發行商起步，但他們懷有雄心壯志，要循序漸進地製作符合韓國情懷的影片與音樂等各種內容，並相信有朝一日第一製糖會創造出有競爭力的文化商品，打造亞洲好萊塢，因此他們迫切需要像夢工廠一樣年輕、富有創意又懂得靈活變通的國際夥伴。

李氏姐弟的提案與夢工廠的未來發展方向相吻合。當時的好萊塢過於官僚主義，夢工廠企圖擺脫好萊塢的典型框架，因此即便他們必須接受投資，他們也偏好和懷抱夢想，有心開展創意事業的創業家合作，構建更自由的夥伴關係。[9]

也許第一製糖一度只是候補人選，但這時候夢工廠認為第一製糖會是最佳拍檔。因為第一製糖不是單純的投資方，而是從產業層面出發，視夢工廠為傳授創意內容的體系與訣竅的最佳「模範」。

在協商過程中，李氏姐弟毫不遮掩自身的意圖。夢工廠三人幫樂見他們的雄心壯志。日後，史蒂芬・史匹柏表示：「那時

候我被他們的活力、熱情、興奮和生動坦白的野心吸引了。」[10]

另外，在這個貌似休閒的談判基礎上，第一製糖十分確信一件事。

「這場協商會使我們夢想的未來提前到來。」

擁有符合
夢想的系統

第一製糖「要學到第一手」的謙虛姿態是真心的。因為兩國電影產業的水準懸殊。在驚人的間隙中,「片場系統」（Studio system）穩固地占據一席之地。所謂的「片場系統」指的是有系統地、有機地調節與管理電影的「製作」、電影的籌資「財務」、讓製作好的電影在電影院上映的「發行」,以及策略宣傳的「行銷」。好萊塢創造並完善這個體系。靠著這個穩健的體制,好萊塢守住了一個世紀的電影產業霸權。

第一製糖的管理高層清楚自己已經具備韓國電影成長的基礎,而如想在國際市場上一決雌雄,就要盡快地把片場系統歸己所用。

電影系統的邏輯與足球相近。足球強國們長久以來經營著哲學與價值的系統,縱使超級巨星的供給起起落落,但不會有太大

的動搖。巴西隊再怎麼「軟爛」，也很少會踢不進世足盃八強，假如能確保如羅納度（Cristiano Ronaldo）般優秀的選手陣容，便能勢如破竹地奔向冠軍。好萊塢也一樣。好萊塢經歷了大大小小的危機，靠著片場系統的實力撐了下來，長久維持著強者的面貌。要讓每個人的才能發揮最大值，片場系統是不可或缺的。第一製糖朝史蒂芬 · 史匹柏伸出手的決定中，蘊含著學習最佳系統，且將其修正成「韓國系統」的意志。

好萊塢片場系統

好萊塢片場系統指的是好萊塢為了電影產業化，將企畫、劇本、攝影、後製剪輯等，電影製片全部過程有效地標準化（規格化）與分工化的方式。這是以電影──「大眾娛樂」的資本主義商品為前提的概念，只要想一下福特汽車靠著福特 T 型車（T 模型）實現汽車大量生產的福特主義（Fordism）就能明白。

1920 年代中後期，20 多年來，派拉蒙影業（Paramount）、MGM、二十世紀福斯（Twentieth Century Fox）等好萊塢大型影業，靠著高效運用成本的高規格製作體系，構築出電影發行、行銷和以主要城市為起點的電影院產業鏈，加上電影上映權，使他們得以坐享電影產業黃金期。這種垂直整合讓大量生產變成了可能，也確保好萊塢電影在國際市場的大眾性。[11] 依據類型電影

與明星體系創立的票房公式降低了風險，是追求資本穩定性的大型影業巨頭們初期的努力下誕生的代表性產物。

　　實際上，由於第一製糖和夢工廠的夥伴關係，支撐了第一製糖管理高層所希望的「力量積累」，條件再完美不過了。合約主要內容如下：

· 第一製糖投資夢工廠的 10 億美金中，經五年內持續投資 3 億美元，第一製糖成為第二大股東。
· 連同本金與分配股利，第一製糖會擁有除了日本之外的亞洲區版權。
· 李在賢常務與李美京理事一年會參加四次的夢工廠五人理事會與經營委員會會議。
· 第一製糖會收到夢工廠對電影發行、行銷、管理與裁度等各種實務的相關營運訣竅，與影像相關技術的援助。

　　最後一條才是第一製糖的真正想要的。也就是說，第一製糖能獲得構建片場體系的「基礎工程」的援助。

「Mul-me」，第一製糖多媒體事業部

　　直到 1990 年代中期，在韓國土地上，「打造出片場」的言論還不被買單。不要談片場，韓國就連「發行」的概念都弄不明白。當時只有電影製作公司和電影院老闆兩邊勢力獨大，介於兩者之間的電影發行商的存在感微乎其微，少數幾家發行商和韓國全國電影院老闆的關係固若金湯。如此一來，製作公司或自掏腰包，或背債拍電影，部分地區親自發行電影，其他地區交給電影發行由電影院老闆或發行商負責。

　　在韓國大企業進入電影市場後，情況也沒有太大的不同。相較打造有效的商業體系，韓國頂多只是效仿好萊塢，採取明星加持策略、增加行銷與宣傳預算。在這種情況下，CJ 獨自朝片場系統前進，因為 CJ 相信這種方式能長期保有體力的源泉與基本競爭力。

> 「投資夢工廠不是我們的目的地，只是起點。」
> ──李美京副會長，《紐約時報》路透社採訪

　　1995 年 8 月，第一製糖多媒體事業部成立。多媒體事業部是以電影為中心，管理節目、音樂、遊戲等多樣項目的部門，也是通過公司內部招募與引入外部新血，募集到 30 名左右的精英而組成的「精銳部隊」。多媒體事業部被簡稱為「Mul-me」[12]。

Mul-me 因破天荒地由李在賢常務和李美京理事親自坐鎮指揮而出名。當時公司內部的正式上班時間是上午七點到下午四點，但這個部門採用上午九點半到下午六點半的工作體制，在圓桌上進行會議，高層向成員們拋出不著邊際的主題，儘管自由，但成員們必須付出最大的熱情。

Mul-me 部門員工被派往美國當地，向夢工廠學習電影發行經驗。在過程中，經歷了橫衝直撞的時期，就連要翻譯夢工廠發來的合約都不是一件容易的事。因為多媒體事業部得和形形色色的國外夥伴進行溝通交流，又是最需要雙方協調的初創期，因此合約種類多得讓人張口結舌，而且大多厚得讓人精疲力竭。大家要不斷地面對面開會，是名符其實的「好量啊」的部門。

需要學習和熟悉的領域多得驚人，季度經營狀況、計畫與成本費用比、電影預測、製作現況等各種資料不用多說，夢工廠還共享了通常「印刷與廣告」（Print and Advertisement，P&A）[13] 的行銷費用制定方法、成本管理、會計系統等多種全面經營的管理方式。多媒體事業部一方面要消化陌生資源，一方面要按韓國國情調整，以至於動不動就消化不良。

在這種情況下，影像軟體公司「J.COM」——間接地替電影製作打下了基礎以電視劇《沙漏》（모래시계）而出名的電視劇界名導演金鐘學，與好友宋智娜編劇共同成立的影像軟體公司，將以投資 20 億韓元（折合台幣約 4700 萬元）的形式成立合資

公司。J.COM發表將投入20億製作費給以撒哈拉沙漠拍攝的《情陷撒哈拉》（인샬라）為首的四部電影、電視劇和動畫等的大項目。然而，主業本為拍攝電視劇的 J.COM，除了作品成果不理想外，碰上的時機更不理想。1997 年，「IMF 寒流」[14] 席捲，大企業開始結構調整。

獨自留在抉擇的路口

1998 年 1 月，SK 放棄影像產業。1999 年，大宇解散影像唱片事業部，將多媒體產業賣給東洋集團。在夢工廠投資案落空後，對發展多媒體事業仍懷抱熱情的三星娛樂集團，與拍出電影《誰殺了甘迺迪》（*JFK*）與《麻雀變鳳凰》（*Pretty Woman*）的美國知名獨立電影公司「New Regency Pictures」合夥，但在1999 年發行電影《魚》（쉬리）及《建築無限六面角體的秘密》（건축무한육면각체의 비밀）之後，三星娛樂集團最後解體。大企業資本首度進軍電影產業就這樣落下帷幕。

1995 年，錄影帶產業受到衛星與有線電視的影響，開始走下坡，圍繞著電影產業的危機感更是澎湃，集團內部也傳出投資韓國電影的擔憂聲浪。究竟名為「電影院產業」的「雙頭馬車」——倚仗夢工廠「發行海外電影」與 1998 年在首爾 Techno Mart 開幕的星聚匯（CGV）電影院[15]，真的能獲得穩定的收益嗎？

實際上，第一製糖在發行海外電影方面取得了佳績。

像是 1998 年初夏上映的電影《彗星撞地球》（*Deep Impact*）是夢工廠發行電影中，觀影人數首度突破百萬人次的作品。儘管 1998 年的《埃及王子》（*The Prince of Egypt*）全球票房令人失望，但在韓國票房排行榜上排名第二，僅次於美國票房排名。2000 年的《神鬼戰士》（*Gladiato*），原本由聯合國際影業（UIP）負責發行，第一製糖鍥而不捨地取得了韓國發行權，吸引了近 300 萬觀眾。[16]

1999 年，包括電影界實力派導演康祐碩在內，當時負責電影產業的 CJ 關係人士與多位電影從業人士見面，就韓國電影投資進行溝通交流後，作出以下結論：「電影發行和電影院產業雖然能盈利，但韓國電影不行。」[17]

世人看待這件事的視線也不友善。提起第一製糖，人們依然會想起「金惠子」[18]、「大喜大」[19] 和「糖」。人們經常脫口問：「為什麼不賣糖就好了？」

第一製糖當時為了打好片場系統的根基，果斷地大手筆投資，然而，當時的情況可謂是四面楚歌。第一製糖經過深思熟慮後，決定守護最初的目標。第一製糖從一開始就清楚，奠定電影產業的基礎是一件曠日持久的事。在還沒實現夢想的情況下，不能半途而廢。

即便第一製糖當下沒能取得顯著成果，但他們得認真落實

「發行夢工廠電影」與「投資韓國電影」兩大課題。如果不這樣做,第一製糖最後只能任外國資本與好萊塢公司擺布,把韓國電影當成企業未來食糧的願景必然化為泡影。第一製糖決心學習體系化經營方式並積累經驗,專心致志地在五年內建立如好萊塢般的片場系統。

好萊塢式系統的潛力

1895 年,首創以大眾為對象,上映付費電影的盧米埃爾兄弟(Les freres Lumiere)出現在法國。20 世紀初期的法國仍是電影界的一派宗師。從 1912 年的情況看來,法國百代電影公司(Pathé)氣勢洶洶,其單獨消化的電影製作輛直逼全美電影製作量的兩倍。[20] 英國、義大利、德國和丹麥等其他歐洲企業相繼進入電影市場,高舉電影出口國旗幟。

然而,隨著第一次世界大戰的爆發,世界霸權轉移。戰局混亂,歐洲電影公司手忙腳亂之際,美國以企業家精神武裝,作為新興強者崛起,巧妙地填補空缺。儘管歐洲電影公司是因投資金不足、電影企業現代化失敗等諸多因素才造成局勢逆轉,[21] 但不可否認地,好萊塢式系統的力量發揮了很大的作用。好萊塢公司以特有系統鞏固勢力,與歐洲卡特爾型態(Cartel Model)[22] 的勢力對壘的同時,在美國本土,公司與公司之間也各自為戰,累

積獨有的競爭力。

在這之後,歐洲電影也持續培育出藝術完成度高的作品與名導,並未因此喪失存在感,但無論在電影規模或歐洲本土市場的電影佔有率,都被美國超前,歐洲電影產業難以開出燦爛花朵。

美國靠著好萊塢的力量帶動電影產業本身,再與強大的垂直系統巧妙地結合,從而運轉的有機的龐大內容網路占據了穩固地位。人才與技術能力固然重要,但光憑這些,美國無法達到絕對霸權國的水準,大顯神威。

「先搶攻版圖!」CJ 方立刻制定出攻擊計畫——提高電影供給量,引領市場需求。該計畫要旨是 CJ 到 2004 年為止,在電影、電影院、有線電視、唱片事業等各娛樂事業領域,投資 5000 億韓元以上(折合台幣約 120 億元)。

2000 年,名為「CJ 娛樂」的新公司法人全新出發。恰逢東洋集團收購了大宇集團的電影頻道 DCN(1999 年 6 月改為 OCN)、Catch-One(現 Catch On)與圍棋 TV 後,推出「On Media」綜合品牌。東洋集團積極開闢多媒體事業,作為具有一定規模的競爭企業浮上檯面。樂天集團也不落人後,計劃到 2001 年為止,要在韓國 12 個大城市的樂天百貨裡開設 100 間影廳。[23] 前進電影產業的 CJ 企業,以 21 世紀為背景,再次遭逢挑戰。

替韓國電影套用系統

　　CJ 領軍的其他企業爭先恐後進軍電影界，韓國電影界逐漸具備透明、高效率的系統。其實，在 1990 年代中半期的韓國忠武路電影市場，都是通過簡易的出納收據管理財政。不知道準確用途的鉅額支出，會神不知鬼不覺地被寫在製作費款項上。對此，CJ 投資組導入「電影製作預算運營指南」，以確保預算透明度。

　　CJ 最重要的也是最有價值的成果是「收益的核算與分配」系統化。過去，企業為了突破競爭，進入電影產業，用數千萬元暗中賄賂電影院是家常便飯，只寫著電影名的「票本」的紙本電影票不斷地傳來傳去，騙走電影公司利潤的事情比比皆是。但隨著發行商擁有精確的財務系統，逐漸站穩腳步，整治往昔腐敗風氣。CJ 事先制定好數個結算日，假如公司獲取營業淨利，會事先分配好下個月底前要支付給製作公司的款項，數額會清楚地寫在合約上，有系統地執行結算。

　　CJ 在透明管理財政核算作業的同時，也樹立了引領投資和行銷的發行商的典範。如果說過去製作電影的製作公司，得在報章雜誌上刊登廣告以吸引觀眾，那麼現在則是由製作與發行商分析觀眾喜好，拍攝符合觀眾喜好的電影，制定最有效的行銷計畫。[24]

　　今日，韓國電影產業銷售額為 2 兆 276 億韓元（折合台幣

約 480 億元），正享有前所未有的榮景。[25]1998 年，韓國電影佔有率不過 22.5%，如今超過 50%（僅次於印度、美國）。電影界人士表示，韓國電影市場展開驚人的速度戰，像是在短短 20 年裡壓縮了百年傳統的好萊塢歷史。其實，在這段 20 年的歲月裡，CJ 碰到無數不得不展開苦戰的情況，但 CJ 從未放棄最初的目標。韓國在短短時間內產生了以電影為主軸，具有競爭力的文化內容企業，對此，2013 年 10 月造訪韓國的傑弗瑞 · 卡森伯格嘖嘖稱奇。[26]

即便不是 CJ，發行系統和行銷體系總有一天會在韓國電影市場扎根。根據資本邏輯的產業發展過程中，會產生需求是必然的。但假如沒有 CJ 的出軌行徑與堅持不懈，以及其他後頭接棒的選手的活躍應對，從而形成的競爭生態系統作為後盾，韓國電影產業大概無法在這麼短的時間裡建構好系統，再者，也許這個系統的掌權者也不會是韓國企業。

Case Study
《末日列車》確認系統的內功

　　用韓國的資本、能力和系統的力量，親自展現人人都能看得出來的「國際電影」。這應該是許多內容創作者的心願，但絕非易事。美國幾乎是唯一能創出巨大附加價值，讓電影和電視劇等大眾文化內容產品發行到全世界，走紅全世界的國家（動畫強國日本的大眾電影競爭力日漸式微）。

　　儘管讓每個人能如「郊遊」般，愉快地大展長才也是讓人欣慰的光景，不過超越那個水準之上，像好萊塢主要電影公司（Major film studios）[27] 般，發揮國際級管弦樂團的指揮作用，引領真正意義上的國際項目，對 CJ 來說仍是一場遙不可及的夢嗎？

　　「蘊含著好萊塢無法做到的一切。」

——美國影評網站 IGN

「好萊塢是動作片電影的產地，他們卻毫無疑義地，超越好萊塢電影，自豪地在今夏推出了最酷（The coolest）的作品與之抗衡。」

——美國大眾文化雜誌《滾石雜誌》（*Rolling Stone*）

「雖然今夏好萊塢沒有停工，但可以確定的是，他們也沒有努力地產出新創意。因此，在千篇一律的電影夾縫中，奉俊昊導演膽大又獨創的電影視角，當然有資格受到矚目。」

——美國代表娛樂雜誌《娛樂週刊》（*Entertainment Weekly*）

2014 年 6 月底，《末日列車》（설국열차）在韓國上映一年後，敲開美國市場大門，好評如潮。不僅在韓國，《末日列車》也成功地以法國——電影原著出版國為首，登上世界舞台。雖然這部電影在上映前先賣出了 167 國的電影版權，會有這樣的反應，某種程度是可預期的，不過反應卻超乎預期。甚至美國當地觀眾譴責北美發行商溫斯坦影業，為何沒選擇用「全球同步首映」（Wide release）—— 2000 個以上的影廳同時上映的方式。

溫斯坦影業以擁有出色的事業眼光，擅長培育有潛力的中小資本作品而出名。雖然溫斯坦影業是享有盛名的發行商與製作公司，但同時也以考量商業性，愛過度剪輯作品而惡名昭彰的「剪刀手」聞名。在《末日列車》的情況，溫斯坦影業打著迎合北

美市場喜好的名堂，播出了少 19 分鐘的剪輯版。在這方面，溫斯坦影業和 CJ、奉俊昊導演未達成共識，以小規模的有限上映（Limited release）方式，取代了上映原版本（125 分鐘）。

溫斯坦影業（The Weinstein Company）

溫斯坦影業是哈維 ‧ 溫斯坦（Harvey Weinstein）和鮑勒 ‧ 溫斯坦（Bob Weinstein），兩兄弟引領的專業級電影製作暨發行商。1989 年，溫斯坦兄弟以共同創業人身分，以 110 萬美元買下獨立電影《性、謊言、錄影帶》（*Sex, Lies, and Videotape*）版權，獲得 2500 萬美元的收益，實現了獨立電影史上最成功的商業交易。

米拉麥克斯影業在 1993 年被迪士尼收購後，通過昆汀 ‧ 塔倫提諾（Quentin Jerome Tarantino）的作品《低俗小說》（*Pulp Fiction*）取得傲人成績，躋身為主要電影公司之列。之後，製作、企劃、發行了無數話題之作，像是《BJ 的單身日記》（*Bridget Jones's Diary*）、《追殺比爾》（*Kill Bill*）等等，事業蓬勃發展。2005 年，溫斯坦兄弟與迪士尼交惡，成立以自己名字命名的新公司。在那之後，溫斯坦兄弟也陸續培育出橫掃奧斯卡的作品，如：《為愛朗讀》（*The Reader*）、《王者之聲》（*The King's Speech*）、《大藝術家》（*The Artist*）及《派特的幸福

劇本》（*Silver Lining Playbook*）等多部作品，因此也被稱為「奧斯卡得獎製造機」。

　　《末日列車》在美國主要城市的八個影廳出發。這是有限上映的典型策略「推出」（Roll out），也就是從人數少的電影院開始，根據觀眾的反應，決定是否增加上映影廳數的上映方式。當初業界預測《末日列車》最少能確保 150 個影廳，多虧了觀眾不亞於影評團的熱烈反應，短短半個月內，上映廳數增加到 356 廳。不過，無論人氣高低，上映後第三個禮拜必須按照原定計畫，投入 VOD（隨選視訊）服務。CJ 本以為《末日列車》在電影院的票房上升勢會因此趨緩，然而，這部電影在電影院與 VOD 兩邊都異常地驍勇善戰。

　　就這樣，《末日列車》僅用一個多月的時間就突破美國 450 萬美元票房（折合台幣約 1 億 2000 萬元）[28]，在線上平台部分，《末日列車》拿下 iTunes 榜單第一名，也在 Google Play 和康卡斯特等美國主要 VOD 平台名列前茅，創下 750 萬美元（折合台幣約 2 億元）的收益，大振人心。除了北美之外，在法國、中國等大多數的上映國家中，《末日列車》刷新各國過去上映的韓國電影中排名第一名的紀錄，成為代表性的 K- 電影（K-film）。

　　從單純的數字來看，很難說《末日列車》創下足以挑戰好萊

塢的成績。以韓國電影歷史為基準，《末日列車》創下史上最貴製作費——400 億韓元（折合台幣約 9 億 5000 萬元）以上的紀錄，倘若再追加附帶的行銷費用，金額高到超過損益平衡點（BEP）。雖說《末日列車》往後也能通過 VOD 或 DVD 販售等附加版權服務，繼續輸出成果，不過很難說是「大賣」。好萊塢大片的特性是寧可被斥責老派，也會堅強地豪擲千金。雖然《末日列車》成功地擠入這樣的好萊塢大片的空隙中，卻只是悠哉地東挖一點，西挖一點，沒能挖出滾滾財源。

既然如此，CJ 是否應該滿足於成功了一半的頭銜，把剩下的一半歸為遺憾的失敗？先從結論說起，CJ 並不滿足。CJ 內部思索了韓國電影生態界所發生的變化，並且下了判斷：以《末日列車》為契機，達成了一半的成功的同時，我們也確定了還有一半的可能性。

用韓國的力量打造的第一部國際電影

無論是朴贊郁、奉俊昊、金知雲等韓國導演，或是崔岷植、李秉憲、裴斗娜等韓國演員，都在海外大展長才。CJ 認為要想在國際舞台上打造「K-film」品牌，集結這些個人力量的「國際項目」是必要的。《末日列車》是從各方面上看來，是全靠韓國資本、企劃與導演實力展開的勝負對決，是獲得有意義的成績的首部國際電影。北美地區佔了全球電影市場的 40%（以 2011 年，

PwC 統計數據為準），在北美取得的成果格外有意義。

《末日列車》從製作規模就不一樣。2011 年，海外選角、交涉拍攝地點、聘請工作人員等，花了足足一年的時間進行製作準備。不過，高昂的製作成本變成了障礙。這個大型項目，從朴贊郁導演的 Moho Film 和李秉憲代表的 Opus Pictures 公司作為製作公司參與，從企劃階段就投入了 150 億韓元（折合台幣約為 3 億 5000 萬元）的龐大費用。儘管韓國製作公司為了確保剩下資金，積極吸引海外投資者，但電影製作作業比預期中更驚人。

2014 年 4 月，眼看電影即將開機，但資金情況未見好轉。由於是跨國人員參與的項目，包括扮演《復仇者聯盟》（*The Avengers*）中的英雄「美國隊長」而出名的演員克里斯・伊凡（Christopher Robert Evans）、蒂妲・史雲頓（Tilda Swinton）在內，因此無法更動拍攝日程。CJ 不得不做出重大決定。

「即便是 CJ，也未曾碰過超過 400 億元的投資項目，如果只考慮收益，確實是一個艱難的決定。不過我們對先前在國外市場累積的實力有信心，更重要的是，我們對優秀的奉俊昊導演和他的作品的信任，以及我們渴望拍出堂堂正正展示給全球市場的國際作品的熱情，才使這一切有實現的可能。」

—— CJ ENM 海外事業部南宗宇（音譯）

國際作品須一氣呵成對上「內容、技術和海外窗口」的三節拍，是以 CJ 得動員過去累積的投資、製作與發行的力量。多虧過去在韓國國內市場累積的內功、在海外市場發行韓國電影，還有與過去與國際電影公司共同製作的實力，CJ 不像一般新手手忙腳亂。不過，由於規模過大，包括會計、精算、稅務、外匯交易、發行多國語言版本、協調各國上映日程、全球行銷在內，很多時候 CJ 才剛新學到的東西，或是剛學會皮毛，就得進行初次實戰。所有的工作過程都是如此。

把「K-film」烙印在美國職棒大聯盟上

在前面列出的美國媒體好評中，他們共同關注的點是，《末日列車》有著好萊塢土壤無法培育出的新鮮感。《末日列車》描述的是搭上這個時代的最後一班列車的人，與象徵階級社會的故事，多少有些沉重。這與好萊塢喜愛的劇本創作公式路線——積極人道主義與幸福結局，背道而馳。不過《末日列車》仍具備美國媒體偏好的大型科幻電影框架條件，像是敘事方式、影像美感、幻想要素等等。

雖說《末日列車》與眾不同的組合看起來富有魅力，但同時也是引起大眾對於「類型」看法分歧的因素。儘管 400 億韓元製作費（折合台幣約 9 億 3000 萬元）對韓國來說是龐大的金額，不過從動輒超過 1000 億韓元製作費（折合台幣約 23 億元）的

好萊塢大片來看，《末日列車》的規模有些曖昧。在這樣的背景下，《末日列車》縱使是「製作精良」（Well-made），也不能被美國市場列入商業大片（正因如此，發行商才採取有限上映和VOD市場的「二元化」策略）。

CJ和奉俊昊導演當然為此煩惱過，據說他們還按發行商溫斯坦影業的意見，剪出了比完整版少19分鐘的北美市場上映專用版。不過，就算用剪輯版本上映，也無法預測發行商會投入多少宣傳預算，還有能不能在和「顯而易見的強悍敵手」好萊塢大片中的對決中，取得不錯佳績。從各種方面來看，正面對決並不容易。CJ內部決定，假如在電影可能會失去原有色彩的情況下，沒有取得佳績的把握，寧可「堅持故事情節架構」。

CJ的選擇帶來的結果並不差。首先，觀眾沒有把《末日列車》視為典型的獨立電影或「藝術大片」（Artbuster）[29]（須留意各家媒體爭相強調「得在大銀幕看的科幻驚悚片」）。彷彿支持媒體的論點般，《末日列車》在電影院上映三個禮拜後，按當初簽訂的合約，登上了VOD服務平台，不過觀影人潮不減，電影院甚至增加放映廳數，美國當地也承認它的「驚人」。

在電影院上映的作品，上架到VOD等其他管道時，假如片商「抑制」（Hold back）的上架時間很短的話，該作品大抵是失敗之作。但《末日列車》打破了電影院與VOD難以共存的固有觀念。《華爾街日報》（*The Wall Street Journal*）引用發行商

溫斯坦影業旗下 Radius-TWC 代表湯姆・昆恩（Tom Quinn）所言：「《末日列車》是介於商業電影與獨立電影之間的作品。」介紹了《末日列車》通過大眾口碑，在電影院與 VOD 平台都獲得了不錯成績的背景。

另一個值得肯定的地方是，美國觀眾對於韓國演員登場，說韓語台詞的包容反應。儘管韓語台詞不多，但相較於反感，觀眾多半給予「很自然」、「很新鮮」的反應。這與韓國歌手 PSY 用韓語歌詞唱出的《江南 Style》締造出的神話，一脈相承。

某一個文化圈的商品進入另一個文化圈，因為言語和習慣等各種方面的差異，出現了令商品原有價值打折扣的現象，稱之為「文化折扣」（Cultural discount）。[30] 越來越多如《江南 Style》與《末日列車》打破界線的事例。而且，影響越大，越能降低地球村人在文化高牆所感受到的情緒隔閡與反彈。如此一來，韓國文化商品所要承受的文化折扣幅度也能自然而然地減少。

好萊塢當然能感受到這種趨勢。好萊塢邊執行世代相傳的策略——推出強調視覺效果又不會有大幅度文化折扣的豪華商業大片，且最近有更進一步開拓半徑的趨勢。在首爾拍攝《復仇者聯盟》續集，漫威漫畫《美國隊長》（*Captain America*）的主角從白人變成黑人，再再顯示了好萊塢「多元文化策略」的萌芽。美國與歐洲等地相繼發覺這種現象，韓國的文化產品也得抓緊機會拓展版圖。這就是為什麼說從《末日列車》能窺見某些藍海策略

的跡象。

1　微軟與夢工廠正在成立軟體公司，推進打造電腦遊戲等各種合作項目。兩家公司被認為是「戰略夥伴」關係——〈Dreamworks：One for the Money〉，《西雅圖時報》（*The Seattle Times*），1995年5月1日報導

2　《侏儸紀公園》的票房收入等同於150萬輛汽車出口——《東亞日報》，1994年5月18日報導

3　1991年為1兆450億韓元（折合台幣約為249億元），是韓國食品企業首度突破1兆元

4　〈CJ集團60周年公司沿革〉，1995年2月23日報導

5　《韓國電影產業的開拓者們》（한국 영화산업 개척자들），金學洙（音譯）著

6　最終保羅・艾倫注資5億美元（折合台幣約139億元），「Unlikely Credits for a Korean Movie Mogul」，《紐約時報》（*The New York Times*），1996年7月5日報導

7　當時的第一製糖理事李美京曾在美國留學，先前三星與史蒂芬・史匹柏的接觸過程中，　她擔任了牽線人的角色，國際人脈相當廣。

8　《打造韓國經濟的一句話》（한국경제를 만든 이 한마디），韓國CCO俱樂部著

9　史蒂芬・史匹柏公開的夢工廠成立宗旨有「我們會成為我們一手打造出的夢想的實質主人」相關內容，從名為「夢工廠」（DreamWorks）的公司名稱中也能感受到身為創作者的自豪

10　〈New Name in Lights in S. Korea〉，《洛杉磯時報》（*LA Times*），1996年8月19日報導

11　《好萊塢電影》（할리우드），申強浩（音譯）著；《*Schnellkurs Hollywood*》，Burkhard Röwekamp著

12　多媒體事業部的英文名為「Multi-media」，取兩個單字的字首而成。另外，「Mul-me」（멀미）在韓文中的意思是暈眩、暈車

13　主要分成發行費和行銷費。電影發行費、行銷費、印刷製作、沖洗底片等屬於發行費，而印刷品及宣傳預告影像製作、廣告製作、廣告費、人工費和宣傳費等包含於行銷費

14　亞洲金融風暴爆發後，韓國接受國際貨幣基金組織IMF的金援，最終引爆韓國內部金融危機，韓國稱之「IMF危機」

15　為韓國連鎖電影院，類似台灣威秀，在中國、越南、美國等多國也有院線

16　據Cine21網站、韓國電影振興委員會與（株）IM.Pictures提供的資料為基礎，《神鬼戰士》占據韓國2000年上映的外國電影票房第一。

17　《韓國電影產業的開拓者們》（한국 영화산업 개척자들），金學洙（音譯）著

18　韓國演員金惠子曾任第一製糖代言人長達27年

19　為韓國家庭常用的調味粉，含有牛肉成分，烹飪菜餚時使用可增添鮮味

20 《關於好萊塢電影的一切》（할리우드 영화의 모든 것），徐正南（音譯）著

21 《歐洲電影產業》（*European Film Industries*），安妮・傑克（Anne Jackal）著

22 具有競爭關係的經營者以協議等方式進行勾結，壟斷市場

23 《韓國電影產業的開拓者們》（한국 영화산업 개척자들），金學洙（音譯）著

24 韓國電影投資與發行並行的主要投資暨發行公司有CJ ENM、樂天娛樂（Lotte Entertainment）、Showbox（Mediaplex）、N.E.W等等。四大發行公司的排名取決於鑑別電影作品票房的核心競爭力。舉例來說，中小發行公司N.E.W在2013年的韓國電影市場佔有率為29.4%，壓過了CJ ENM（28.0%），占據第一名寶座

25 〈2014年韓國電影產業結算〉，韓國電影振興委員會

26 〈傑弗瑞・卡森伯格，『夢工廠—CJ，維持20年深厚關係的背影是』〉，《enew24》，2013年10月21日報導網路版

27 指每年推出大量電影作品，且在特定市場擁有可觀票房收入的製作與發行公司

28 以2014年10月23日為準，達成456萬票房，Box Office Mojo

29 是韓國新造語，指稱不是商業大片，但兼具藝術性與不亞於商業大片的票房性的作品

30 文化折扣率越低就越容易被其他文化圈接受。通常體育、紀錄片、動畫和遊戲等，文化折扣較低，電影、電視劇和綜藝等的文化折扣較高。越是以視覺效果為重點的文化商品，會受到文化折扣的幅度就越低

選擇失敗

不能放棄票房大片的理由

「失敗乃真理成長的學校。」
——亨利 · 比徹（Henry Ward Beecher）

2015년 여름, 최고의 베테랑들이 온다!

2015 범죄오락액션

베테랑

유아인 유해진 오달수 <베테랑> 류승완 감독

2015.08.05

그 때 그 시절, 굳세게 살아온 우리들의 이야기

국제시장

황정민 김윤진 오달수 정진영 장영남 라미란 김슬기 감독 윤제균

2014.12.17

30척에 맞선 12척의 배
사를 바꾼위대한 전쟁이 시작된다

명량

30일 대개봉

김한민

광해군 8년,
모두가 꿈꿔온 또 한명의 왕이 있었다.

광해

2012.09.13

이병헌 류승룡 한효주

Background Story
票房大片的致命魅力

「誰都不知道那會是什麼！」

兩次獲得奧斯卡金像獎的好萊塢傳奇編劇威廉・戈德曼（William Goldman）對於無法預測的票房大片成績，如此斷言道。即便投入天文數字的資金，或是結合了曠世巨作的劇情的作品也未必能爆紅，最終有可能是沒抱多大期待的作品，意外爆冷中頭獎。這是他對票房無法捉摸的屬性的抱怨兼判斷。直到電影上映之前，名為「電影」的不可預測的商業活動，把一票為電影付出所有的人逼往神經衰弱之路。無論動員多少人，流了多長時間的血汗、投入了多少錢，最終還是根據電影上映首週的成績，決定前往天國或地獄。也許正是因為這種結構性虛脫感，人們才會牢牢記住電影產業是一種高風險產業。

既然如此，人們又為何汲汲營營於這件伴隨著巨大風險的事呢？也許是因為所謂的「電影業者」就是得心甘情願地奉獻自我，

哪怕燃燒成灰燼，也得忍耐嚴重暈眩與頭疼。也許不是因為「商業大片」之故，而是因為他們越來越執著於被稱為「雲霄飛車」的高風險事業所致？又或者是源自他們期許作品有朝一日能到達燃點，迎來「大賣」的三腳貓賭客心理所帶來的單純過熱現象？

以上這些說詞都可以算是客氣。事實上，電影是藝術的同時，也是商業交易。以擁有百年霸權的好萊塢電影公司，又稱為「主要電影公司」為主，能在電影一行壯大的企業，絕對是承受得住歲月的大風大浪的事業高手。顯而易見地，好萊塢老手們都承受過一個世紀的波瀾萬丈，他們的行動自然也會合乎商業邏輯。

看似是好萊塢電影公司執著於拍出商業大片，其實這也是電影商業的宿命。好萊塢靠著「規模」（scale）作為主要武器，以降低必然風險。換言之，這是好萊塢提前預防「不確定性的確定性」的一種手段。從好萊塢會使出「不中就算了」的關鍵殺招，把天價製作費全押在某一部商業大片上的氣魄，也能看得出這一點。假如我們翻開好萊塢過去一年上映作品目錄，會看見完全不同的宏觀藍圖。

舉例來說，假如好萊塢每年預定上映 25 部作品，那麼好萊塢會把大型預算集中投資在有可能成為帳篷營柱（tenpole）的四到五部作品上，剩下的預算就是「聊表誠意」（至少從資金分配邏輯看來是如此）。好萊塢不是盲目地把賭注壓在所有作品上，而是挑選出有希望的標的，把籌碼集中押在標的作品上。整

體來說，就算當年的賣座作品只有兩、三部，依舊能實現正（＋）收益。[1] 好萊塢體系和以藍籌股為中心的穩定股票投資組合用的是類似戰略。

對於這種膽大心細的電影產業殺手鐧，傳媒領域的權威人士暨哈佛商學院教授艾妮塔・艾爾柏斯（Anita Elberse）稱之為「賣座大片策略」。乍看之下，好萊塢大片製作似乎是冒著巨大風險，孤注「一擲」的賭局，實際上是帶來最多收益，盆滿砵盈的聚寶盆。

好萊塢驗證過的戰略，票房大片

進入 21 世紀之後，主要電影公司中的「雙頭馬車」，迪士尼和特別活躍的華納兄弟被認為是成功實踐票房大片的「績優股」。雖然現在迪士尼集團旗下的華特迪士尼影業抓住了指揮棒，但在此之前，在華納兄弟工作了 12 年的艾倫・霍恩（Alan F. Horn）會長率先展開了莽撞的票房大片策略。在他任職期間，華納兄弟連續 11 年實現 10 億美元以上（折合台幣約 280 億元）的利潤，使得華納兄弟創下了主要電影公司中的斐然成績。

雖然在「只屬於他們的聯賽」中，好萊塢六大主要電影公司的排名有所不同，不過整體來說，不是只有華納兄弟獨享了票房大片戰略的利潤，包括華納兄弟在內，派拉蒙影業、環球影業、迪士尼、索尼影視（哥倫比亞影業）與二十世紀福斯等好萊塢六

大主要電影公司，從 1960 年代就已經開始倚仗這種「規模經濟學」。由此可見，這是經過半個世紀以上驗證過，確定有效的策略。執筆《High concept : movies and marketing in Hollywood》一書的懷特・賈斯汀（Wyatt Justin）博士說明道：「好萊塢的票房大片策略，與其說是本著『一夕致富主義』而施展的殺手鐧，不如說是他們從極度保守的經濟角度所做出的決定。」意思是，損益平衡點會隨著電影製作成本增加而上升，為降低風險，好萊塢別無選擇地採取安全措施，將籌碼重壓在由融合了經驗證過的票房保證元素的商業大片上。

票房大片策略與好萊塢的全球化路線正好相互呼應。20 世紀中期，好萊塢開始正式對外出口電影，主要出口國外觀眾普遍喜愛的家庭電影或冒險動作大片。[2] 而這種策略奏效了，全世界出現了活躍的「好萊塢兒童」（Hollywood kids），全世界各國開始注意到美國產票房大片的巨大致命魅力，使自己變成了「文化殖民地」。儘管歐洲也大量產出作者論（Auteurism）[3] 的藝術電影，不過其大眾影響力遠遠不及美國票房大片。

具有壓倒性規模的票房大片雖擺脫作品性，卻有著吸引觀眾走進戲院的力量。假如在這些賣座票房要素上再加入作品性，效果將會難以想像。以二十世紀福斯投資 1977 年《星際大戰》（Star Wars）為例，二十世紀福斯在前四年注資 1100 萬美元（折合台幣約 3 億元），在《星際大戰》上映後，吸金 1 億 8000 萬美元

（折合台幣約498億元），並成為了象徵美國大眾文化的好萊塢代表作品，同時也是成功的長壽系列電影。2015年12月，《星際大戰》推出新系列《星際大戰：原力覺醒》（*Star Wars： The Force Awakens*），該系列作品的總收益為33兆韓元（折合台幣約780億元）。這個數字比CJ集團一年銷售額要高，[4] 約等於韓國一年預算的9%。

像這樣，好萊塢主要電影公司通過票房大片，奠定穩定的收益結構，也掌控了全球市場霸權。對夢想成為與好萊塢抗衡的亞洲文化企業的CJ來說，票房大片是必須解決的課題。然而，不是砸錢就能打造出票房大片。因為票房大片是包括創意性、內容性、技術力、專業人才、製作經驗和海外窗口等在內，集結所有力量，並使其產生正向化學作用才能實現的複合產物。票房大片是好萊塢主要電影公司，動用了經過漫長歲月打磨的系統力量而產出的國際文化商品。因此，在剛踏上電影產業之路時，CJ必須做好承擔巨大嘗試誤差的心理準備。

「用我們的力量打造一部票房大片吧，就算失敗也好。」

選擇失敗

「打造出能吸引 500 萬觀眾的穩定電影商業模式。」如今回看 CJ 在發展電影事業初期時，公司內部所制定的目標與期望，顯得有些樸素。不過那是因為最近韓國本土電影振翅高飛，隨隨便便就能動員千萬觀影人數之故，在當時，這個目標值仍屬「癡心妄想」。1990 年代是韓國電影混沌期，為了贏過海外進口電影攻勢，韓國政府推動「電影配額制」──保障韓國電影每年有 146 天以上上映天數的制度。當時被視為是非常迫切的時期。

首先韓國電影「版圖」本身就小。當時創下最高票房記錄的電影是，1993 年的林權澤導演作品《西便制》（서편제），動員了 103 萬觀眾觀影。當時韓國電影製作費平均為 5 億韓元（折合台幣約 1190 萬元）。雖然韓國有的是才華洋溢的導演，但韓

國市場規模本身就小。再加上電影製作環境與電影院等基礎建設條件差，所以電影水準都差不多，韓國本土電影類型主要都是低成本電影，不外乎小品喜劇、呼籲新派感性的電視劇題材的電影與三流動作片等等。

不過，有一部擁有驚人票房的電影登場了。那就是 1997 年上映的《鐵達尼號》（*Titanic*）。《鐵達尼號》動員 350 萬韓國觀眾人次，是再次印證好萊塢票房大片潛力的瞬間。但「350 萬」這個數字的背後意義不僅如此，它還能被看出韓國電影市場有質與量膨脹空間的潛在需求，也可以被視為一種電影發展前景的指標。

窺探香港電影的「賣座公式」

CJ 清楚不能因為看出有潛力的市場需求，就指望韓國電影立刻躍升成好萊塢等級作品。於是，CJ 內部開始潛心研究過去盛行一時的成功事例——香港電影。自 1980 年代中後期起，香港電影不僅在韓國，也在整個亞洲掀起如傳染病般的熱潮，如：1986 年的《英雄本色》、1987 年的《倩女幽魂》、1990 年的《天若有情》等。香港電影熱潮造就了無數的瘋狂影迷，同一部電影看上幾十遍實屬平常。周潤發、張國榮等多位香港明星造訪韓國時，更是受到國賓級禮遇，香港明星出現在韓國電視節目和拍攝韓國廣告也成了家常便飯。就像現在的韓流一樣，在那個年代香

港潮流，即「港流」，洶湧激盪。香港電影裡融合了形形色色的題材，有憑藉橫掃亞洲的明星演員陣容打造出的特有風格喜劇片、兼具笑點與人情味的功夫片，以及被稱為「香港黑色電影」強調男性情誼的港式黑道動作片等等，卻流露出與西方電影不同的色彩。

反之，當時的韓國電影界完全找不出商業電影的客製化「配方」。雖說過於執著配方，有弊無利，不過找出能符合大眾需求的食材，將電影題材魅力最大化的基本料理技巧是一定要做的事。為了創造出廣受各年齡層觀眾喜愛的大作，韓國得持續開發能散發韓國專屬味道的配方，不能只是曇花一現。CJ 初期的大失血是可預期的，因為武林高手的高深內功與實力需要多年苦練，並非一蹴可成，但除了不斷地藉由實戰，進行「實驗」之外，別無選擇。儘管像填不滿的無底洞，但 CJ 只能持續地、高頻率地投資，「預期會失敗不斷」的 CJ 票房大片漫長旅程就此展開。

養成看電影的能力

首先 CJ 得培養出挑選作品的選影能力。所以 CJ 在進軍電影事業初期，分配業務的標準主要以「培養眼光」方面出發，還有他們不會干涉電影企劃，以單純的投資業務為主，打算等到累積足夠的力量之後，再開始慢慢地鍛鍊體力。

恰好這時候，正向的信號彈綻開了。姜帝圭（音譯）導演執

導的電影《魚》於 1999 年 2 月上映。這是韓國電影史上首度突破 500 萬（582 萬）觀影人次的電影，敲開了票房大片時代的大門。該片的製作費僅花了 24 億韓元（折合台幣約 5700 萬元），不得不說是高純度的成功，足以說服人們「韓國電影也有可看之處，絕對能賣座。」此外，這部作品也成為了拓展韓國本土市場規模本身的引爆劑。

CJ 加緊腳步，陸續發掘出有作品性的電影，包括《快樂到死》（해피엔드）、《漂流慾室》（섬）和《幸福的張醫生》（행복한 장의사）等各部作品，並於 2000 年以新法人公司「CJ 娛樂」的名義進行投資。CJ 認為「碰到好劇本就要果敢投資」，是以分別向年輕有創意的製作公司，像是「Myung Film」、「Kang Je Gyu Film」等等，投資 200 億到 300 億韓元不等（折合台幣約 4 億 7000 萬元到 7 億 1000 萬元）。以最近的標準來看，CJ 做出了許多大動作，卻時常踩空。這些製作公司儘管提出了新穎的電影企劃，但未能掌握好製作規模與方向，導致製作日程一拖再拖，CJ 卻因急於求成，先行投資。像這樣，CJ 缺乏分辨玉石能力的雙眼，被諷刺「往愚蠢的地方投資」，而 CJ 只能把這些錢當成「學費」，深信鐵杵必能磨成針。

所幸到了 2000 年秋天，CJ 結出了還算寬慰的果實。那就是由 Myung Film 製作，CJ 發行的朴贊郁導演作品《共同警戒區》（공동경비구역 JSA）創下 583 萬名觀影人次。《共同警戒區》

與韓國新登場的影城相互配合，吸引了更廣泛的觀影族群。亮眼票房作品出現後，韓國電影業界變得生機蓬勃，瀰漫著「我們也拍得出票房大片」的氛圍。

不過在那之後卻沒有像樣的後續作品。CJ 受到《共同警戒區》的成功鼓舞，把製作費提高了一個層次，可惜的是，儘管 CJ 陸續推出了 80 億到 100 億韓元票房（折合台幣約 1 億 9000 萬到 2 億 3000 萬元）的作品，卻多在人氣慘淡或盈虧打不平的情況下，落下帷幕。2002 年，電影《2009 迷失記憶》（*2009 로스트 메모리즈*）雖也慘澹收場，但還算替 CJ 掙回些面子。從

CJ票房大片的悲喜曲線（2002～2003）

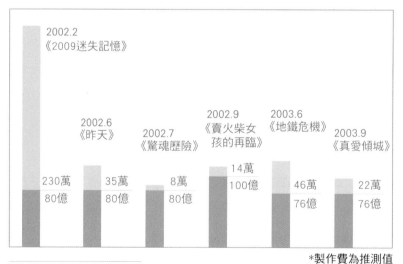

2002.2
《2009迷失記憶》

2002.6
《昨天》

2002.7
《驚魂歷險》

2002.9
《賣火柴女孩的再臨》

2003.6
《地鐵危機》

2003.9
《真愛傾城》

230萬 / 80億
35萬 / 80億
8萬 / 80億
14萬 / 100億
46萬 / 76億
22萬 / 76億

*製作費為推測值

■ 製作費　■ 觀影人次

CJ 的投資歷程看來，CJ 的投資作品中，以科幻大片（SF）佔大宗。有評價指出，CJ 大部分作品都只是承襲好萊塢票房大片的路線。挑戰不是件壞事，但相較於當時韓國國內電影風氣，CJ 免不了被指責「是不是太前衛了」。

在 CJ 連續嘗到失敗的滋味時，韓國電影界正全力奔跑中。2003 年平安夜上映的康祐碩導演作品《實尾島風雲》（실미도）是韓國電影史上首部觀影人次破千萬的電影。薛耿求、安聖基、許峻豪、鄭在詠等的豪華明星陣容，充滿電視劇要素的「684 北派部隊」素材，充分地滿足票房大片公式，電影完成度果然廣受好評。2004 年的姜帝圭導演的電影《魚》投入 150 億韓元（折合台幣約 3 億 5000 萬元）製作。由張東健與元斌領銜主演的《太極旗－生死兄弟》（태극기 휘날리며）觀影人次則達到 1174 萬。

2000 年代中半期，韓國電影佔有率飆升至 50% 到 60%，由此可見，韓國電影業界具有的彈性空間。不過，在此之後又出現戲劇性的下降曲線。當時投資基金把目光投向連續打出全壘打的電影產業，豈料，業界資金過剩埋下禍根，造成華而不實的不均衡成長。儘管偶有佳作，但假如有一部黑幫電影成功，類似的二流作品就會充斥市面，因循守舊風氣嚴重，觀眾信賴度下滑是當然的。

「不知道從什麼時候開始，觀眾不再期待票房大作。雖然視覺效果好，但故事性不足，相較於期待感，觀眾更懷疑這種片好

不好看。」CGV Arthouse 負責人李尚允（音譯）回想當時情況說道。由於電影發行商們的盲目投資，大量內涵不足的作品出現，導致韓國本土市場上映電影量過多，CJ 和 SHOWBOX 等各家電影發行商汲汲營營於「擴大規模」，反暴露出自身發行能力的界限。連行銷費用都沒回本的虧本電影一窩蜂上映，被說成是「矇著眼睛大灑錢」，投資者也不當一回事，各方資金蜂擁而至，反而成了毒藥。

有趣的是，在這樣的過程中，韓國電影界仍有作品，屢屢刷新影史最高票房記錄。Cinema Service 發行的李濬益導演 2005 年作品《王的男人》（왕의 남자）創下 1230 萬觀影人次；2006 年，奉俊昊導演執導，SHOWBOX 負責發行的《駭人怪物》（괴물）創下 1301 萬觀影人次，成為當時最賣座電影，捍衛住韓國電影的自尊心。

觀眾不是不愛看票房大片，顯著的票房兩極化現象，是因為觀眾挑選電影的眼光和喜好變得更挑剔所致。隨著投資者的投資逐漸退潮，「泡沫」流出是想當然的。再加上其他複合因素，如：非法盜版物氾濫，附加市場崩潰等等，在 2012 年前後，韓國電影產業出現再次復甦現象之前，走了一段漫長的下坡路。

擺脫黑歷史，改善體質

CJ 位於明暗交錯的「漩渦」中心位置，向韓式動作票房大

片 2005 年的《颱風》（태풍）投資的 200 億韓元（折合台幣為 4 億 6000 萬元）製作費，與向 2006 年的玄幻武俠古裝電影《中天》（중천）投資的 100 億韓元（折合台幣為 2 億 3000 萬元）製作費，都讓 CJ 反覆嚥下眼淚。《颱風》的 400 萬名觀影人次勉強能看，《中天》卻是票房慘敗。

「CJ 在主推韓流明星的企劃意圖上，投資了高達 100 億元以上製作費，這種作品理應出口海外，但就連韓國本土票房都不買單。實際上，玄幻武俠古裝電影類型沒有過成功先例，很難判斷會不會賣座，但無論如何，這部片的製作技巧未臻成熟。」一位長期關注 CJ 的票房大片挑戰過程的電影界相關人士道。

「實驗」固好，不過為了挽回打著票房大片的作品低迷狀態，CJ 內部激起要求「改善」體質的反省聲浪，眾人一致認為不該無條件地打明星牌，盲目地投入大規模資金。CJ 追求的不是「一次性」的成功，而是需要穩定的「深厚內功」，而這一切得靠系統投資與過往發行經驗為基礎，積聚實力才能辦到。

CJ 為了擺脫票房大片黑歷史，正式投入「重生作業」。CJ 首先積極導入能創出穩定金流的技術，接著下功夫開拓能維持長期合作關係的製作公司的路徑。另外，CJ 也擺脫慣例，不再以「預付」名義，先支付導演或演員的企劃開發費。同時，CJ 也導入持續投資管理的「Inhouse 製作系統」[5] 以挖掘優質製作公司。以上這些全都是 CJ 重生作業中的重要環節。

CJ票房大片的悲喜曲線（2004～2012）

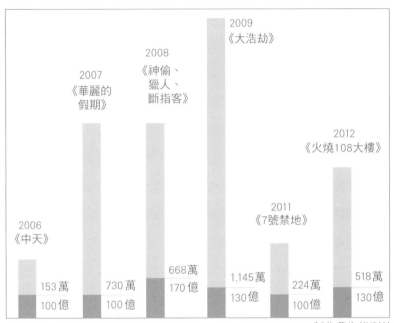

*製作費為推測值

■ 製作費　■ 觀影人次

　　為了培養看作品的眼光，CJ 推進了製作投資會議，在決定投資與否的過程中，不由一兩個人的意見獨斷決定，而是收集包括新職員在內的公司全體成員意見。CJ 開始積極經營劇本評估體制，為此導入劇本試讀調查和過濾系統。儘管作出最終決定的主體沒有改變，不過經由系統化驗證的跳板，能幫助最終決策者作出更客觀地分析與判斷。

　　「培養看電影的眼光需要時間、經驗和深思熟慮。CJ 必須

建構系統制度，才能培植組織內部的集體智慧，並聽取組織成員的多方意見。」CJ ENM電影事業部門國際商務組金權植（音譯）解釋道。

在CJ努力的過程中，票房大片接二連三地出現，收穫了豐碩成果，包括2007年《華麗的假期》（화려한 휴가）的730萬觀影人次；2008年，獲得韓式西部片的好評與達成668萬觀影人次的《神偷、獵人、斷指客》（좋은 놈, 나쁜 놈, 이상한 놈）；還有CJ參加初期企劃開發，首次突破1000萬觀影人次的2009年災難大片《大浩劫》（해운대，〔以韓國釜山的旅遊勝地「海雲臺」作為故事背景〕）。

CJ本以為能喘口氣了，沒想到再次陷入水坑。無論是誰，要連續打出全壘打絕非易事，對CJ來說，2011年是格外憂鬱的一年。CJ的韓國首部IMAX 3D電影《7號禁地》（7광구）在技術上得到認可，但在整體評價方面，卻得到了幾近「災難」的惡評。不僅如此，姜帝圭導演執導的《登陸之日》（마이웨이），找來了韓國、中國與日本大牌演員，瞄準亞洲市場，卻也在票房上吃了苦頭。

隔年，也就是2012年，以火災為題材的災難電影《火燒108大樓》（타워）突破500萬觀影人次。儘管票房還可以，卻沒好到能撫慰CJ的地步。在製作費與宣傳費急遽增加，版圖擴大的情況下，即便是達到500萬觀眾票房的作品，也只是讓CJ

勉強達到損益平衡點的「平凡一擊」。

付出昂貴學費學到的東西

在經歷改善黑歷史與體質的過程中，CJ 為登上海外舞台前後推出「首部科幻大片」、「首部災難票房大片」與「首部 3D 動作片」。由此，CJ 得到兩項重大收穫，一是大膽挑戰「類型實驗」所累積的經驗，從而培養出選片眼光，一是切實地領會到積蓄力量的重要性，不該盲目地瞄準全球市場，應先打下韓國本土良好的根基。先不論製作的是否為票房大片，首先如果想製作符合韓國人口味的韓式內容，應該懂得如何將「韓劇」元素與電影的包裝外衣，作一巧妙結合。

CJ 以這種覺醒作為基礎，摸索改變的方向，選擇更能反映韓國觀眾普遍感性的劇情故事，像是浪漫喜劇、家庭和愛國主義情懷等。CJ 為了將敘事性效果最大化，精心選角。實際上，韓劇一直是韓國人長久以來的愛，從某種角度來看，CJ 這次做的選擇相對「安全」，但比起電影企劃的力量，這種方式更倚仗編劇與導演的才華。

CJ 把過往的領悟作為基礎，選擇不同的執行方式。相較於過去只相信導演執導功力，或承襲過往賣座票房公式，這一次 CJ 和製作公司一起思考如何在融入韓劇要素的同時，又能展現新的故事架構。此後，CJ 陸續推出具有強烈韓劇要素的作品，如：

2011 年的《格鬥驕陽》（완득이）、《陽光姊妹淘》（써니）；2012 年的《狼少年：不朽的愛》（늑대소년）、《雙面君王》（광해，왕이 된 남자）；2013 年的《帶我回家》（집으로 가는 길）。這些挑戰的成功可以視為是 CJ 從大大小小的失敗經驗中獲取到的教訓，終於發揮了隱藏的力量，進而結出閃耀的果實。

此外，過去的慘敗也變成了有用的資產。舉例來說：崔東勳導演作品《田禹治：超時空爭霸》（전우치）之所以會想到在幻想與古裝中添加喜劇元素，是因為過去描寫悲劇愛情的玄幻武俠古裝電影《中天》的慘澹票房所累積的經驗發光發熱所致。[6]《田禹治：超時空爭霸》在浪漫愛情與動作元素中融入喜劇元素，更加凸顯電視劇的戲劇性與角色的人格魅力，最終這部電影被定位為幽默詼諧的休閒娛樂片，被評價為開啟了具有魅力韓式英雄片的可能性。

融合 CG、音效、與特殊效果等的各種先進技術的力量，也是 CJ 實現的一大成果。繼 2002 年的科幻電影《賣火柴女孩的再臨》之後，2006 年的《中天》在通過 CG 創造虛擬演員等的各方面都有了漸進發展。然而，由於相較於技術上的鉅額投資，票房成績沒那麼亮眼，CJ 確實留下了不少遺憾。

那份遺憾穿過漫長歲月的隧道轉變成「歡喜」，此時誕生的作品正是《大浩劫》。《大浩劫》有別於過往好萊塢災難大片，電影裡處處放入幽默元素，勾起了韓國的人道主義情懷。此外，

《大浩劫》也靈活運用了以「水」為素材的高完成度 CG 技術。撤去作品性或完成度不談，《大浩劫》雖無法與製作費天文數字的好萊塢相提並論，但負責該片 CG 作業的韓國國內視覺特效公司「MOFAC Studio」，其高超技巧水準替觀眾送上了逼真的觀影體驗。

　　《7 號禁地》由《大浩劫》尹濟均導演製作，與《華麗的假期》的金志勳導演執導。《7 號禁地》撤去票房滑鐵盧不談，是繼《駭人怪物》和《火燒 108 大樓》之後重寫怪物 CG 歷史的電影。《7 號禁地》描述石油探測船上的人們與深海怪物的鬥爭，由韓國國內負責 CG 技術製作。CG 占了整部電影鏡頭的 99%，比重相當高。儘管韓國本土評價它「只有 CG，沒有內容」，沒能避免失敗，不過在中國，它被譽為韓流明星河智苑領銜主演的「亞洲首部 3D 怪物票房大片」，打破了當時韓國電影在中國的票房記錄，CJ 姑且能安慰一下自己（中國僅《變形金剛 4》〔 _Transformer 4_ 〕就能創下 3000 億韓元〔折合台幣約 71 億元〕的票房紀錄）。

韓式票房大片的全盛時代

　　自 2013 年起，CJ 經歷無數次失敗積累的內功開始發光。被稱為動作片巨匠柳承完導演的票房大片處女作《柏林諜變》（ 베를린 ），和奉俊昊導演的國際項目出道作《末日列車》，雙雙在

票房成績和作品性上獲得認可，氣勢銳不可擋。在 CJ 的立場上，《柏林諜變》是感觸良多的作品。儘管 716 萬觀影人次這一點頗具意義，不過最有價值的並不是這個，而是 CJ 踏過八年前《颱風》痛心疾首的失敗，憑藉咬牙努力，總算換得「開創韓式諜報電影的新局面」的評價。

在這段時間，CJ 不是獨自地迎來「文藝復興」，最近三到四年間韓國陸續迎來突破 1000 觀影人次的電影，如《神偷大劫案》（도둑들）和《正義辯護人》（변호인）等等。這些創下 800 萬到 900 萬觀影人次票房的熱門作品，是 CJ 身後的堅實後盾。多虧韓國本土作品的強勢，2011 年，韓國電影佔有率突破 50％（51.9％），2012 年更是遽增為 58.8％。在 2013 年與 2014 年分別達到 59.7％與 50.1％，除了佔有率創記錄的同時，韓國電影界也連續三年守護了億名觀影人次的時代。[7]

另外，2014 年夏天，百億大作同時續出。七月底，《群盜》（군도）、《鳴梁:怒海交鋒》（명량）、《海賊:汪洋爭霸》（해적）與《海霧》（해무）等的韓國本土票房大片依序攻佔大銀幕，展開激烈的夏日之戰。在好萊塢同樣發生票房大片激戰，這個現象延續到隔年。在《國際市場:半世紀的諾言》（국제시장）給了 2014 年到 2015 年冬季強烈一擊之後，再也沒有賣座作品。所幸隔年夏天，韓國電影再次變得強勢。真實呈現崔東勳導演票房老手感的《暗殺》（암살），及柳承完導演力量爆發的《辣手警探》

（*베테랑*），兩片並肩創下 1000 萬觀影人數的票房佳績，開啟了「雙千萬時代」。儘管每種電影類型的風格和氣氛不同，但韓國電影界終於知道如何靠著票房大片的綜合「配方」，打出能瞄準票房旺季的「王牌」。

雖然韓國日後依舊會產出許多票房大片，不過無論如何，樹立韓國電影史上鮮明里程碑的主人公，非《鳴梁：怒海交鋒》（以下簡稱「鳴梁」）莫屬。

《鳴梁》於 2014 年 7 月 30 日上映，上映不過 12 天，觀影人數突破 1000 萬。一個多月後，再次突破 1700 萬票房，創下韓國歷年來最高觀影人數，改寫了過去所有神話，也擊敗了韓國影史上觀影人數第一名與票房最高的外國電影《阿凡達》（*Avatar*）。不知道是不是學習的效果，在《鳴梁》之後，「會賣的電影就是會賣」的現象也值得關注。實際上，比起驚險地突破千萬或沒破千萬觀影人數，2015 年的作品大多只達到 200 多萬或 300 多萬觀影人次。[8]

儘管如此，對 CJ 而言，《鳴梁》不是單純的賣座電影，而是 CJ 經歷 20 年失敗，積蓄力量的集大成之作，意義重大。

Case Study
《鳴梁：怒海交鋒》，
頑強積累的「力量」

　　如同海內外眾多賣座作品的命運，《鳴梁》是一部取得前無古人的成績卻「爭論不休」的作品，主要批評內容有：戰術方面不夠細緻；鬥智快感不足；人物未能展現各自的人格魅力；歷史考據不足，戲劇虛構成分過多等等。我們似乎需要傾聽一下阿道夫・祖克爾（Adolph Zukor）──派拉蒙影業前身的名角電影公司（Famous Players）的野心創業家，也是在好萊塢初創期建立片場系統的莽撞生意人，對《鳴梁》的指責。

　　「大眾永遠不會錯。」（The public is never wrong.）

　　要創下賣座票房並不容易，電影和大眾能舒服地坐在臥室或客廳享受的電視劇不同，觀眾得邁出「腳步」，花錢買票，投資

時間進入電影院觀影。單靠宣傳行銷或發行的力量不可能催生出突破千萬票房的電影。無論是壯觀的影像美，或是賦予觀眾如同催淚彈般的感動，抑或深入觀眾腑臟的強烈訊息，總而言之，有潛力的電影必須具有讓觀眾甘心掏腰包的明確動機，只有通過口碑相傳方能締造佳績，有時甚至需要「適逢其時」，碰上與劇情相互呼應的社會氛圍。即便下定決心全心投入，要創造出商業票房大片也絕不簡單。

《鳴梁》也是如此。首先「李舜臣」[9]的題材就是千斤重擔。因為李舜臣是韓國家喻戶曉的人物，這反而讓人擔心這種題材是否過於平凡，無法創造反轉。加上，CJ 在 2012 年投注 150 億韓元（折合台幣約 3 億 5000 萬元）的項目，《7 號禁地》、《登陸之日》、《R2B：獵鷹行動》（알 투비）等各部大片的接連失敗，公司內部氣氛不佳。然而，CJ 認為靠韓國的力量，把韓國史書上的國際性海戰搬到大銀幕上高度還原，這件事有充分挑戰的價值。

2013 年年初，《鳴梁》開機，經過七個月的拍攝與後製，電影製作告一段落。雖然 CJ 內部在電影上映前小心翼翼地預測電影的成功，但因為當時是有史以來韓國票房大片續出的時期，所以 CJ 不期待能突破千萬觀影人次票房。當時，多數人認為由「雙頭馬車」──擁有「票房號召力」的頂級巨星河正宇和姜棟元領銜主演的《群盜》更有優勢。

結果卻超乎預期，《鳴梁》上映初期就掀起了旋風，上映首日便創下歷史最高開局分數（68 萬人），上映第一個週末創下最高單日成績（8 月 3 日，125 萬人），創造了令人震驚的數字。不過這只是冰山一角。上映 2 天突破 100 萬人、12 天突破 1000萬人、15 天突破 1200 萬人、21 天突破 1500 萬人……《鳴梁》創下最短時間內最高的觀影人次記錄，勢不可擋，乘勝長驅。

　　「在上映之前，關於電影的不好傳聞滿天飛，讓人憂心。很多人看完劇本，認為是『男性電影』，但我們認為這是一部『療癒型電影』。幸好結果揭曉時，女性觀眾也有很好的反應，大眾自然而然地被認為它是男女老少都能享受的電影。」負責《鳴梁》投資業務的 CJ ENM 電影事業部方玉景（音譯）組長說明道。

　　為了突破韓國本土千萬觀影人數票房，「得讓所有年齡層一起享受才行」。CJ 內部分析認為「要重新找出遠離電影院的客戶」。《鳴梁》刷新票房記錄的主要動力，明顯來自於其引起世代共鳴的「寓教於樂」（Edutainment）[10] 劇情。金韓旻導演也說過：「我非常高興這部電影能被評價成是老年層、中老年層、年輕人能一起觀看的作品。」[11]

　　方玉景組長解釋道，為了吸引廣大觀眾，「老酒新裝」需要有好的企劃力量。在這一點上，《鳴梁》明顯佔優勢。比如說，雖然李舜臣是大家熟悉的人物，不過 CJ 判斷後，與其拍攝龜船登場的「閑山島海戰」[12]，或是留下「不要告知我的死亡」[13] 名

言的「露梁海戰」，以相對來說不有名的「鳴梁海戰」作為主題，
更能提供觀眾新的東西。

　　從龐大雄壯的規模；飾演擁有韓國全國民支持的英雄的一流
演員，與其對立的反派角色的化學效應；「上天保佑韓國國民」
一類的強烈訊息，以勾起男女老少的共鳴與團體意識等各種要素
看來，《鳴梁》似乎遵守著普遍票房大片的公式。不過，假如進
一步深入觀察的話，會發現《鳴梁》另有不少切中要害的要素。
《鳴梁》以看似相像又不像的面貌，成功地形成差別化。

《鳴梁：怒海交鋒》的老酒新裝

剷除「笑點」

　　韓國歷代票房大片都以濃厚的親情或社會性作品為主，其共
同分母是感動中不忘幽默。然而，《鳴梁》聚焦在莊嚴肅穆的海
戰，CJ 擔心幽默一不小心會淪為輕浮，因此捨棄了此一安全措
施。所幸，《鳴梁》證明了靠真摯也能吸引觀眾的腳步。

一個小時的戰鬥

　　除了拿掉幽默元素與人性感動外，《鳴梁》選擇側重領導力
的正面進攻策略，特別將海戰場面作為最強商業武器。為了生動

展現海上風浪的質感，《鳴梁》利用連好萊塢都沒有的 360 度旋轉的手持穩定器（Gimbal）等各種 CG 技術，構成了長達一小時的海戰場面。這使得《鳴梁》成為韓國電影史上首部在一場戰鬥中耗時一小時（61 分鐘）的作品。

專注刻畫一個角色

《鳴梁》沒有華麗的明星陣容，改行「多方面選角」以展現多樣化的強烈人設。劇情聚焦於演員崔岷植飾演的「李舜臣」的人性化，盡全力地刻畫李舜臣內在與外在之間矛盾。雖然也有人批評說《鳴梁》沒有花力氣細緻描繪其他登場人物，不過導演選擇聚焦在李舜臣身上的決定，反使電影的代入感更上一層樓。

韓國本土票房的課題，系列電影

　　韓國總人口約 5000 萬，其中進行經濟活動的人口不過 2500 萬左右。儘管如此，韓國每年觀影人數仍然突破 2 億人次，時常輕鬆地達成票房大片的標準——千萬人次。這與不知如何擺脫經濟低迷情況的韓國社會，形成強烈反差。經濟不景氣不是一朝一夕就能改變的，韓國本土票房大片受惠於此，更加活躍。因為在不知不覺之間，看電影變成了韓國大眾的生活方式之一。

　　韓國電影產業軌道要奠定正向且穩定基礎的前提是，「內容的力量」能繼續支撐下去。在這種情況下，讓人耳目一新的「新面孔」很重要，但擁有與眾不同的存在感的系列作品更重要，這也是韓國本土大片面臨的另一個課題——系列電影。系列電影指的不是製作出一支成功大片就可以了，而是要製作出能保障一定票房的後續系列作。儘管系列電影不是引領電影產業的唯一解，但很明顯地，系列電影本身能被打造成一種品牌，通過音樂、遊戲、主題樂園、文化衍生品等的複合元素，「一源多用」（One

Source Multi-use，OMSU），具有可拓展的潛力。

在歷練相對短，規模小的韓國本土票房大片史上，還沒有過像好萊塢一樣開花結果的系列電影事例，所以金韓旻導演一開始就公開宣布希望把《鳴梁》做成三部曲，無論將來的投資金主會是誰，《鳴梁》的後續作品都扮演著重要的角色。

觀眾的期待值也已經被提高，全靠經驗和數據進行的票房作品，雖然非常「安全」，但總是會因為故事似曾相識，缺乏新鮮感而得承受「挑戰意識不足」的指責。自由揮灑創意，勇於挑戰的作品能獲得好評，當然是件好事，不過如果沒獲得好評，該作品多半會被貼上「意圖是好的，但越線了」的苦澀標籤。

哪怕以深厚內功自傲的好萊塢，也不是每部系列電影都能獲得成功。以下是幾個好萊塢系列電影成功案例，它們展現出了好萊塢如何在每次遭逢危機時，能做到一石二鳥——一面不斷嘗試創意變奏，一面收穫影評界的讚許，叫好又叫座。最長壽系列電影《007》啟用山姆・曼德斯（Sam Mendes）導演，他拋開了動作片的強迫束縛，賦予了這部系列作品在 21 世紀的存續價值，至今已經出品了《007》系列的第 23 部作品。還有，《蝙蝠俠》（*Batman*）系列電影和克里斯多福・諾蘭（Christopher Nolan）的夢幻組合，呈現了高完成度的《黑暗騎士三部曲》（*The Dark Knight Trilogy*）。另外，當好萊塢聽見坊間盛傳「電影語言好老派」時，他們果敢地選擇將大片交給流有「其他血液」的人

才負責，不斷地試圖添加實驗性因素，而不是採用本國文化圈正統派人才，像是《機器戰警》（*RoboCop*）的導演保羅・范赫文（Paul Verhoeven），是主要製作打破常規的 B 級電影的荷蘭籍異類。而《魔戒》（*The Lord of the Rings*）系列電影的導演彼得・傑克森（Peter Jackson），是喜愛邪典電影（Cult film）和黑色喜劇（Black comedy）的紐西蘭籍「異端兒」。

　　這些好萊塢進行了票房大片實驗性輸血的事例，給出了有益的啟示，即假如沒有不斷地進化發展，就無法保障明天的成功。最近韓國電影界試圖將本土票房大片的上升趨勢作為跳板，出品系列大片，而這些事例發出的啟示，意義格外重大。比方說，《鳴梁》能否成功蛻皮，擺脫依循部分賣座法則，打出安全牌的評價。也就是說，縱使首部作品大獲成功，後續作品也不能沿用前作的方式，得跳出安全窠臼。在每次蛻皮時，後續作品在維持「原版」傳遞的訊息與品格之餘，需兼具創新進化，展現出多采多姿的魅力。不過要小心，過猶不及，如果「破壞性變身」的程度太超過，有可能會招致觀眾反感，因此輸血應適度（正如前述所言，這不是道簡單課題）。

　　《柏林諜變》、《辣手警探》等多部韓國歷代級賣座電影，也正在計劃出品系列作品，雖然至今尚未公布續集具體計畫，但可以肯定的是，假如能誕生比前作更加扎實的系列大片的話，必然會在韓國電影產業史上寫下濃厚的一筆。系列電影是更高層次

的挑戰，打造出本土票房大片時代的韓國電影界，接下來會怎麼
解決這道課題，令人好奇。

1　《超熱賣商品的祕密》（*Blockbusters*），艾妮塔・艾爾柏斯著
2　「在這種背景下，我們能理解為什麼大多數的票房大片都以國家或民族不特定的普
　　遍價值與倫理觀為基礎，或標榜著這些價值體系。」，《亞洲電影的今日》，金振
　　海（音譯）等
3　出現在法國新浪潮運動的電影理論。強調電影導演擁有電影主創與剪輯權擁有者的
　　地位。作者電影也稱為藝術片
4　〈《星際大戰》〉經濟學：《星際大戰》的歷年收益，33兆韓元……高於CJ集團一
　　年銷售額〉，《Herald經濟》，2015年12月17日報導
5　指企劃與導演交給電影製作人與導演自有體系執行，但整體製作、投資、發行業務
　　交給投資發行公司管理與經營的方式
6　崔東勳導演參與了《中天》的劇本工作
7　「2014年韓國電影產業結算」，韓國電影振興委員會
8　《暗殺》1270萬名、《辣手警探》1341萬名，按韓國電影振興委員會綜合計算發
　　行權統計為準
9　朝鮮王朝將名，韓國民族英雄
10　「寓教於樂」（Edutainment）是結合「教育」（Education）和「娛樂」
　　（Entertainment）的新詞彙，意指有教育效果的電影內容
11　「崔岷植說以後不演李舜臣了？我『一定會』再開機的。」，《日刊體育》，2014
　　年8月20日報導
12　1592年，李舜臣與日軍在閑山島附近展開的海戰，又稱「閑山島大捷」
13　1598年，李舜臣遭流彈擊中。感知自己將死，擔憂影響士氣的李舜臣叮囑長子隱瞞
　　死訊，並命姪兒穿上自己的盔甲繼續作戰

有時需要超越需求的平台

改變電影院存在感的影城

倘若想分析電影熱潮何以掀起，不單要了解電影製作環境的改變，也需要了解觀影環境，也就是票房基礎產生的變化。
──日本關係大學教授笹川啟子

Background Story
平台的力量

　　繼《鳴梁：怒海交鋒》喧鬧的票房疾走之後，2014年的秋天來到，韓國電影市場掀起了「安靜的」波濤。被歸類為「多樣性電影」[1]的《曼哈頓戀習曲》（Begin Again）看似平靜卻有著內斂實力，掀起了票房浪潮。儘管導演約翰・卡尼（John Carney）通過前作《曾經，愛是唯一》（Once），擁有了不容忽視的粉絲群，但由於《曼哈頓戀習曲》是缺乏話題性題材和影像的小品電影，是以一開始沒引起太大的期待。沒想到因為好口碑，票房後期發力，甚至電影院延長上映時間，最後票房不聲不響地突破340萬人數。根本沒有人想到過，一部流淌著哀淒音樂的平淡浪漫愛情小品，居然上演了票房逆襲。

　　相較前作，《曼哈頓戀習曲》的作品性沒能獲得影評家們的好評，在其他上映國家的票房成績也不理想，唯獨在韓國市場開出意外紅盤。

音樂行銷的力量是巨大的。比起主角綺拉・奈特莉（Keira Knightley）的明星魅力，她展現的清雅音色更加出采，再加上韓國觀眾對曾至韓國表演的美國流行搖滾樂團魔力紅（Maroon 5）並不陌生。而「強大主唱」亞當・李維（Adam Levine）的甜美音樂發揮了強大的力量，使得這部電影的原聲帶專輯，在韓國各大音樂排行榜上霸榜數月。

2015 年 3 月，另一部音樂電影《進擊的鼓手》（Whiplash）的氣勢也引起關注。《進擊的鼓手》以音樂大學樂團為主題，呈現了飽滿的故事線與魅惑人心的爵士樂旋律，在上映首週就登上票房冠軍，僅 16 天就達成 100 萬觀影人數，比《曼哈頓戀習曲》更快。這部電影的總觀影人數是 158 萬，除了北美地區之外，在全球市場都獲得票房第一。

這兩部電影的叫座共同點在於音樂的力量起了作用，不過，還有另一股力量讓音樂的力量發揮到最高點，那就是「電影院」。這兩部電影靠著觀眾口碑不斷發酵，「適合進電影院看的電影」的好評催出亮眼票房。觀眾大可和戀人溫馨地用 iPad 觀影，或是下載原聲帶聽就好了，卻非得進電影院享受電影的內在動機是什麼？借用國際級心理學家米哈里・契克森（Mihaly Csikszentmihalyi）的理論來說的話，觀眾想要的是忘乎一切，把全副心神沉浸其中的「入戲」狀態。

電影院動用各式各樣的宣傳手法，主推「能專注在電影的環

境」。也許是漆黑空間、大銀幕、有震撼聽覺的音響等觀影設備，或是團體觀影形式所提供的微妙共感帶，又或者是激發與同行者的親密感搭上特有氛圍，得以奏效，總之「音效的美學」正是《曼哈頓戀習曲》和《進擊的鼓手》這一類音樂電影的入戲機制。

此外，另一種奇特現象是「影像美」也發揮了強烈的入戲作用。以科幻大片《星際效應》（Interstellar）為例，該片描述面臨滅亡危機的地球人為了尋找希望而前往宇宙進行時空旅行。2014 年晚秋上映前兩、三個禮拜，《星際效應》的預售票房已先行展開票房冠軍寶座之戰。縱使這部作品是《黑暗騎士》（The Dark Knight）與《全面啟動》（Inception）的克里斯多福・諾蘭（Christopher Nolan）導演的回歸作品，仍然是非常驚人的景象。《星際效應》把宇宙空間拍得相當生動，更有趣的是（符合「膠卷信奉者」諾蘭導演的作品形象），諾蘭導演不是採用3D 技術，而是用 35mm 膠卷相機和 MAX 攝影機拍攝。《星際效應》在片中有長達約一小時時間以 IMAX 攝影機拍攝，是好萊塢長篇電影影史上最長的一部。另外，《星際效應》的放映模式相當多元，有 IMAX 版、數位版、2D、4DX，還有支持諾蘭導演的信念的 35mm 膠卷版。電影院像黑洞一樣吸入觀眾，週末黃金時段的 IMAX 廳更是黃牛猖獗。寫下歷代「青不」（青少年不可觀看）外國電影票房第四名記錄的《金牌任務》（The King's Man）、《瘋狂麥斯》（Mad Max），也是唯獨在韓國獲

得高人氣。有評價認為這些電影打破現有動作片框架的新鮮故事，加上絲絲入耳，且出現時機絕佳的電影配樂（OST），以及採用重金屬的粗獷特殊音效等各種因素產生了綜效。

名為電影院的硬體一度被列入「夕陽產業」，但《曼哈頓戀習曲》、《進擊的鼓手》、《星際效應》，還有近期的《絕地救援》（*The Martian*）的高人氣，如實地反應出電影院必須存在的理由。[2] 在這個行動裝置、DVD、智能電視、家庭影院等內容平台多不勝數的時代，觀眾能聰明地區分出要去電影院看的電影，和不用去電影院看的電影。換言之，就算有眾多的內容平台，有些電影還是得費力氣到電影院看。像這樣，在電影院先獲得「驗證」的賣座票房作品，也有可能在 DVD 或有線電視之類的第二或第三平台成功地被消化。電影院具有很高的價值，它仍是衡量電影真正競爭力的核心平台。[3]

在上述現象發生之前，電影院不是靜靜地抱臂等待。實際上，名為「電影內容」的軟體之所以能耀眼，是因為與可靠的硬體協調而成。過去的電影只有模糊黑白背景和演員沉默的動作，而隨著影像被加上聲音和色彩，甚至追加數位作業，電影才進化成我們現在看見的模樣。電影在進步的同時，電影院也在進步。電影院提高音響品質，擴增銀幕大小，營造出動感十足的影像美的觀影環境，為電影提供了穩固的播放環境。像這樣，電影院為了拯救電影，電影為了守護電影院，彼此苦思冥想，一路共生。

如今我們認為理所當然的影城——多廳式電影院也是在這些苦思中而誕生。

影城是解決經濟蕭條的對策

20 世紀後期，好萊塢強大火力的片場系統產生巨大變化。這是因為美國聯邦法院的「派拉蒙案」（1949 年）。美國法院基於製作、發行、放映的垂直整合模式存在壟斷的隱憂，故裁決電影製片廠應分離放映事業。因為派拉蒙案，影業時代黃金期落下帷幕。另外，因為多種因素，包括電視的迅速發展、第二次世界大戰後，人們享受戶外活動、電影製片量大減和電影院連鎖破產等，電影產業經歷了蕭條期。

為應對當前局面，好萊塢把電影院遷往郊區或商圈，並將現有的大型電影院縮減切分成小型電影院。影城——擁有眾多影廳（通常有五個以上的影廳），並結合購物中心和各種娛樂設施的多廳式電影院，也在這個時期誕生。[4]

經過 1969 到 1970 年代，好萊塢片場有了進化。好萊塢將電視視為消化電影內容的新窗口，而非競爭對手，同時也導入了寬銀幕技術，探索與獨立製片公司的共同生路。

在 1980 年代後，大型片場被多重收購（M&A）浪潮席捲，走向了擁有廣播、出版、音樂和體育等跨領域媒體和旗

下公司的國際綜合企業的傘下。舉例來說，派拉蒙與傳媒集團維亞康姆（Viacom）、二十世紀福斯與新聞集團（News Corporation）、哥倫比亞影業與索尼集團陸續進行合併。

這些集團將片場重組為媒體集團必經過程之一的同時，也將影城納入子公司。此外，他們也出馬連結、整合通信、有線電視和網路等各式各樣的內容窗口。1996 年，美國政府制定了關於內容產業垂直整合的電信法（Telecommunications Act），表現堅持「最小限度的介入」的態度。[5]

從影城看票房基礎

從 20 世紀中期，美國等其他國家已經迎來影城時代，韓國的情況卻大不相同。自 1990 年代起，韓國就形成了一部電影只在一家電影院上映的「一電影院一電影」體制。比如說：要看《西便制》、《將軍的兒子》（장군의 아들）得去電影院「團成社」，要看《第一滴血 2》（Rambo: First Blood Part II）得去 CGV Piccadilly。偶有多家電影院同時上映同一部片的情況，也頂多是兩三家同步，而且主要的電影院都集中在市區，人們想看熱門電影就得下定決心外出才行。

時至 1990 年代中半期，那時候韓國出現了擁有三到六廳的電影院，像是 Hilltop 電影院、Lumiere 電影院、Cine House 電

影院等等。不過,當時被稱為「複合式電影院」的電影院和現在的影城還差了一大截。那不過是把大型電影院切割成小型電影院,拓充了影廳數罷了。[6]

從 1990 年代中期投入電影產業的 CJ 非常重視電影院,將電影院視為打造未來的中樞基礎。儘管許多有著無限潛力的優質內容都探出了頭,作為票房基礎的硬體,也就是觀影環境,尚未具備支撐優質內容的力量。

「沒有地能播種,關心種子有什麼用?」從美國留學時期就接觸影城文化的第一製糖最高管理層團隊,在分析韓國電影市場時產生了疑問。他們認為如果沒有充分能滿足觀眾需求的成熟基礎放映設施,電影產業絕不可能興盛,得從惡劣的硬體設施著手,進行劃時代的改變。

「靠領先一步的平台開疆拓土。」

第三個致勝關鍵

有時需要超越
需求的平台

「我想看看韓國電影院的音響設備、放映影片的情況和觀眾狀態等，電影院看起來需要改善，似乎得結合餐廳和遊戲空間等，朝影城方向發展。」

——史蒂芬 · 史匹柏導演（1995 年 10 月，首次造訪韓國的記者會）

即使沒有史蒂芬 · 史匹柏的發言，CJ 從第一製糖多媒體事業部初期就對觀影環境深感興趣，也因此成立電影院事業組，集中調查海外多國案例。當時美國的影城體系已經扎穩根基，其中 AMC 是美國影城的代表。以英國方面來說，AMC 在 1980 年代

中期首次進軍英國，過了十多年，到了 1996 年時，英國觀影人數大幅增加。[7] 日本則是 1993 年正式開啟影城時代。位於福岡的運河城 AMC 擁有 13 個影廳、超過 2600 個座位，因規模龐大而自豪。此外，飯店、遊樂中心、購物中心、歌劇院等多項設施也一起入駐電影院所在空間。CJ 仔細地觀察各國情況，確認結合購物與文化的綜合文化空間成為全球趨勢是不爭的事實，更不用說，日本影城大幅地改變了賣座票房體系，對找回本土（日本）電影活力大有裨益。[8]

影城與賣座大片的同行

1970 年代到 1980 年代，錄影帶產業竄紅，美國電影院就高呼「一站式娛樂」（One-stop entertainment）的口號，加速結合多種文化設備的影城事業。與此同時，電影院業者們果斷投資寬螢幕和立體音響，因應「變大的碗」的「大型內容」——即，票房大片隨之產出，開啟了美國賣座大片時代。

此後，影城和賣座大片一直走在成長的軌道上。如果有商業性大片準備上映，電影發行公司就會在上映初期確保寬銀幕影廳以推動票房。有分析認為，如果沒有影城，1975 年的《大白鯊》（Jaws）、1977 年的《星際大戰》一類的大片絕不能達到「大爆炸」（Big Bang）水準。

有了影城之後的美國電影產業的成長

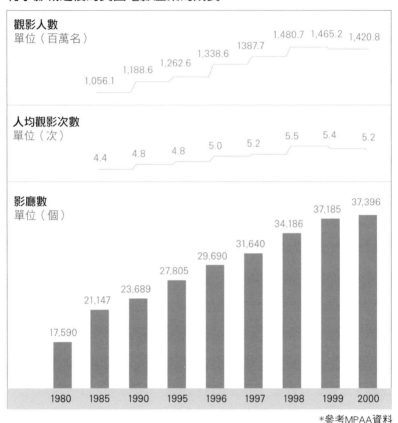

觀影人數
單位（百萬名）

1,056.1　1,188.6　1,262.6　1,338.6　1387.7　1,480.7　1,465.2　1,420.8

人均觀影次數
單位（次）

4.4　4.8　4.8　5.0　5.2　5.5　5.4　5.2

影廳數
單位（個）

17,590　21,147　23,689　27,805　29,690　31,640　34,186　37,185　37,396

1980　1985　1990　1995　1996　1997　1998　1999　2000

*參考MPAA資料

　　在影城與賣座大片攜手同行的帶動下，美國電影產業呈現爆
發性的上升趨勢，掀起了原本由五個影廳以上構成，進展到擁有
16 個影廳以上的影城，正所謂的「超大型影城（Megaplex）熱
潮」。美國的超大型影城從 1995 年的 72 家，增加到 1998 年的

242家。隨著影城基礎設施的擴大，觀影人數也如滾雪球般增長。

打造韓國第一家影城

　　CJ 確信影城是正確答案，但要實際畫出草圖卻非易事。1990 年代中後期，CJ 在韓國土地上建造複合文化空間的計畫，看起來有勇無謀，從費用起就是一個大問題。韓國自 1980 年代起，不動產價格不停地上漲，要想確保建造影城所需的大面積土地，CJ 得投入的資金相當於蓋一家單廳式電影院兩到三倍的錢。再加上，在 1990 年代，全球掀起「新經濟」（New Economy）熱潮，大眾對新媒體充滿期待與幻想。隨著影片、網路等新興媒體平台大量普及，「沒人會上電影院看電影」的恐懼襲擊了電影產業。

　　相較於某些國家早在 10 年、20 年前已經建立好的影城基礎設施，有人懷疑韓國慢一步導入影城的作法是否有錯，這種負面看法可由數字舉證。實際上，韓國本土電影觀眾層的確變得薄弱。1990 年代初期，年均 5200 萬到 5300 萬的韓國觀影人數，到了 1990 年代中期，出現了年均 4500 萬名上下的下降趨勢。[9]雖然下降趨勢不大，但隨著傳統經濟型態轉變成新經濟模式，韓國電影產業整體前景似乎烏雲密布。

　　在這種時間點，CJ 獨力推動大規模的激進變革顯得勉強，

先找尋能減輕資本壓力，和能效法學習的夥伴才是上上策。於是，第一製糖在 1996 年，和亞洲最大電影發行商「香港橙天嘉禾娛樂集團」，以及澳洲全球級影城集團「威秀電影公司」攜手合作，成立了名為「CJ Golden Village」[10] 的合資法人。

關鍵在於確保影城用地。影城必須建設在交通便利、流動人口多與周邊娛樂設施密集的地方。以 LA 的代表連鎖影城 AMC 電影院 14 為例，其位於金融街、飯店、百貨與餐廳聚集的市區中心；再以巴黎為例，影城開在位於最繁華的龐畢度中心與羅浮宮博物館之間，占據地理要塞。

韓國電影院的發展也以市中心為主。韓國在 1907 年成立第一家電影院「團成社」之後，首爾鐘路一帶便享有「電影院聖地」盛名。首爾電影院包括忠武路大韓劇場，光化門國際劇場、乙支路國都劇場在內，還有若草劇場、明寶劇場、首爾劇場、Piccadilly 電影院、好萊塢電影院、明洞的韓國劇場與中央劇場。那時候鐘路及其一帶被電影院既得利益集團壟斷，CJ 難以覬覦。再加上當時電影院產業被視為陰暗面濃烈的有害事業，要蓋影城，CJ 得拿著提案書，東奔西走地說服建築物所有權人才行。

因此，第一製糖多媒體事業部將目光轉向「邊緣地帶」。第一製糖多媒體事業部一開始考慮的是能確保寬敞空地的首爾永登浦工廠用地，但考量到交通和周遭環境條件，永登浦不能說是最好的地點。接著，第一製糖多媒體事業部看向的地方是九宜洞。

當時，接鄰地鐵二號線的江邊站的電子商場「Techno Mart」正在興建中。該商場佔地 7 萬 8000 坪（約 25 萬 7850 平方公尺），39 樓高。Techno Mart 裡不只有電器與電子商品街，並且預定會有其他購物商家入駐，有機會吸引 10 多歲到 20 多歲的電影主要消費客群。就這樣，第一製糖手下誕生的電影院便是「CGV 江邊 11」。這個名字結合了漢江的浪漫形象和擁有 11 個影廳之意。

1998 年 4 月 4 日，CGV 江邊 11 電影院開幕，第一次上映的作品包含洪常秀導演作品《江原道之力》（강원도의 힘）、《男人故事》（남자이야기）與《地動天驚》（Sphere）在內，多部電影同時上映。和 CJ 的憂慮不同，電影院前大排長龍，輾轉難眠的電影院事業組負責人們發出歡呼，媒體競相寫下「終於開啟了影城時代」相關報導。

「今年四月，第一製糖投資的 CGV 江邊在電影業整體不景氣中，吸引了超乎預期的觀眾人數入場。CGV 江邊與地鐵站直接連通，交通便利，電影院內部設施也是以觀眾為中心建造。CGV 江邊共有 11 廳，上映場次間隔 15 到 20 分鐘，觀眾可以免去等待時間，隨時入場觀影。此外，吸引觀眾入場的另一個因素是電影院不再是又臭又髒，包括附設杯架的寬敞座位、最先進的音響設備、不會擋住視野的影廳設計、與 24 小時線上預售等的多項改革，減少觀眾的不便。」[11]

「韓國第一家影城人氣不減，持續好一陣子。11個影廳的票都被搶購一空。1998年，也就是開幕的第一年就有230萬名觀眾湧入電影院。[12]到1990年代中期為止，人氣最高的作品《西便制》只花了六個月時間就突破百萬觀影人次，是個相當驚人的數字。1998年年底，上映廳數滿席率達到99％，意思是座無虛席。

用多廳式影城開啟韓國電影文藝復興

「我在1999年第一次去CGV江邊，那裡真的別有洞天，讓我產生到這裡工作的想法。」

CGV委託營業組組長的善澤根組長（音譯）回想道。善澤根組長自己也是CGV江邊開幕初期入場觀影的觀眾之一。現在

導入影城後的電影產業良性循環結構

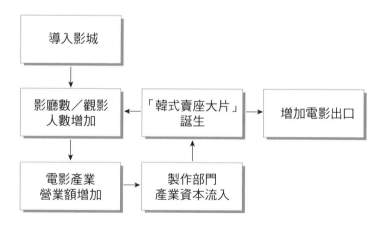

這種事很平常又理所當然，但在過去跑到電影院卻看不到想看的電影，不足為奇。具有劃時代意義，提供多樣選擇的「多廳式影城」體系到來。為了辦事偶然到電影院附近，或是碰巧路過的消費者們，自然而然地走進電影院的情況變多，觀眾基礎變厚。過去有著淡淡香氣，卻總是黑漆漆又不乾淨的電影院形象，變得明亮，人們開始覺得電影院是沒有壓力的「娛樂空間」。

在 CGV 大獲成功後，其他企業紛紛跟上。其中值得注意的是 Megabox 與樂天的行動。1999 年 10 月和 2000 年 5 月，樂天影城一號店與 Megabox 一號店分別入駐京畿道一山與首爾三成洞 COEX 商場。位於江南中心商業要地的「Megabox Coex」以幹練、新鮮的形象，一開幕就成功地吸引民眾的視線與腳步。另一方面，樂天也靠著旗下暢貨中心和百貨公司等各種寬大並穩健的物流事業群，處於優勢地位。在影城的競爭中，影城空間與服務有了顯著進步，對此，觀眾以更頻繁入場的腳步呼應。2000年，韓國電影市場觀影人數比前一年增長 18％，2001 年和 2002年更是分別增加 38％和 18％，觀影人數突破一億人次。

影城成為培養韓國本土電影潛力的催化劑，有了更深的意義。雖然在內容和平台的關係之間，能用「先有雞還是先有蛋」的問題加以解釋，不過起碼在這一個時期，名為電影院的服務空間的改變，對電影內容的競爭力助益良多是不爭的事實。首先，由於影城效應，韓國電影產業整體銷售額呈上升趨勢，韓國電影

影城誕生之後，韓國電影產業的主要變遷史

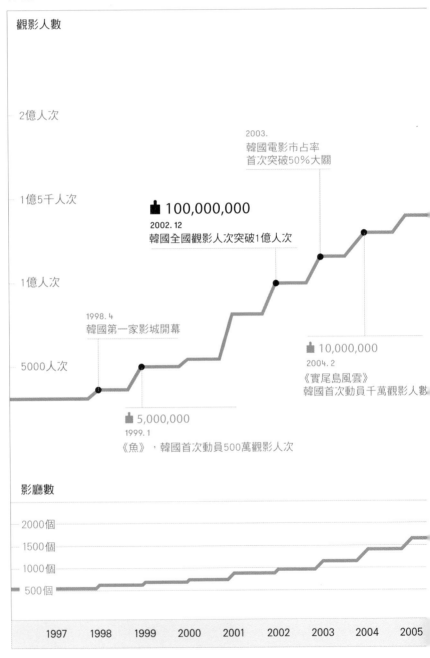

觀影人數

2億人次

2003.
韓國電影市占率
首次突破50%大關

1億5千人次

🖐 100,000,000
2002. 12
韓國全國觀影人次突破1億人次

1億人次

1998. 4
韓國第一家影城開幕

🖐 10,000,000
2004. 2
《實尾島風雲》
韓國首次動員千萬觀影人數

5000人次

🖐 5,000,000
1999. 1
《魚》，韓國首次動員500萬觀影人次

影廳數

2000個
1500個
1000個
500個

1997   1998   1999   2000   2001   2002   2003   2004   2005

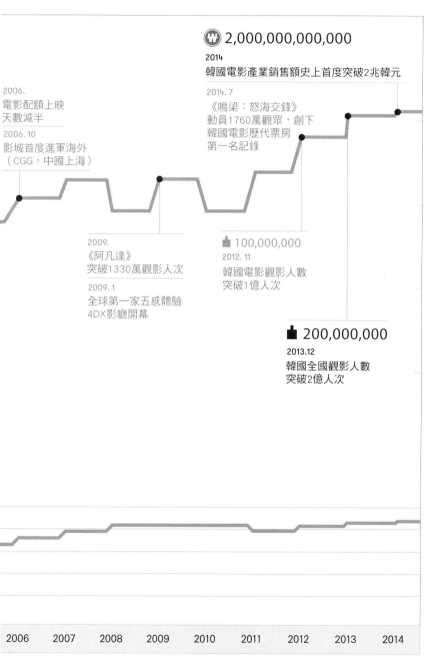

Ⓦ 2,000,000,000,000

2014
韓國電影產業銷售額史上首度突破2兆韓元

2006.
電影配額上映
天數減半

2006. 10
影城首度進軍海外
（CGG，中國上海）

2014. 7
《鳴梁：怒海交鋒》
動員1760萬觀眾，創下
韓國電影歷代票房
第一名記錄

2009.
《阿凡達》
突破1330萬觀影人次

2009. 1
全球第一家五感體驗
4DX影廳開幕

🎬 100,000,000
2012. 11
韓國電影觀影人數
突破1億人次

🎬 200,000,000
2013.12
韓國全國觀影人數
突破2億人次

2006　2007　2008　2009　2010　2011　2012　2013　2014

*韓國電影振興委員會統計資料與「電影產業的進化方向與主要議題」

投資變得炙手可熱。大企業排隊注資電影的製作與發行，成為了電影投資與發行公司的背後支柱，外加觀眾的火上澆油，電影人士拍攝的成品不再粗糙。隨著每部電影的預期票房提高，製作費也跟著上漲，電影產業發生整體的變化。[13]

適逢其會，符合觀眾新要求和期待的各種類型的韓國本土作品一一登場。《朋友》（친구）、《實尾島風雲》和《太極旗－生死兄弟》等韓國本土大片票房一路長紅。會有這種現象，讓韓國市場迎來韓國本土電影占據市場大餅的賣座大片時代，改變電影院基礎設施與觀影文化，打下賣座票房基礎的「影城」居功至偉。

從電影院到「娛樂空間」

從 2013 年起，韓國每年觀影人數超過 2 億人次。2014 年，每年人均觀影次數為 4.19 次，韓國人變成了全世界最常去電影院的人。最近三到四年的上升趨勢更是和大多數國家形成顯著對比，特別是韓國觀眾層全面擴大，不分年齡與性別，令人印象深刻。

韓國觀影人數到達這種地步，不僅僅是打下田地基礎而已，可以稱為是膏腴之地。所有年齡層的觀影次數相當平均。每到週末，韓國家庭一家大小一起進電影院看電影的情況，比比皆是。現在的 10 多歲到 20 多歲年輕人可能無法相信，不過在 2000 年之前，韓國的早場電影時間是 11 點 40 分，意思是就算一大早

勤快出家門到電影院也看不到電影，晚場時間也同樣缺乏變通性，最晚的午夜場是 9 點 50 分。反觀現在的電影院是怎樣的呢？凌晨六點開門，一整天有著密密麻麻的場次，在電影院附近「能看」、「能玩」、「又能吃」。

　　然而，有分析表示從他國例子看來，如果人均觀影次數達到

主要國家每年人均觀影次數變化趨勢

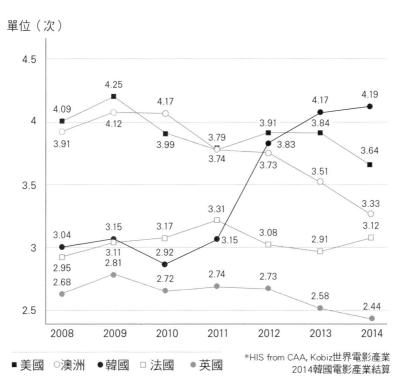

單位（次）

*HIS from CAA, Kobiz世界電影產業
2014韓國電影產業結算

■ 美國　○ 澳洲　● 韓國　□ 法國　● 英國

四次，則進入「成熟期」，也就是說，韓國電影院觀影的人氣如稍縱即逝的煙火，接下來只剩下坡路。在韓國尋找被認為是「娛樂空間」（It's place）的電影院，已經變成人們的日常文化，只要內容品質和多樣性足以支撐，就能持續一段時間的全盛期。不過當消化電影內容的窗口越多元，消費者的選擇餘地就越大，消費者只會變得更加挑剔與冷靜，這種邏輯是合理的。實際上，美國曾是全世界看電影人數最多的國家，在到達顛峰之後，也持續處於下降趨勢。

去過美國和歐洲的大眾電影院的人應該知道，光從設施上就讓人連連嘆息，而非感嘆。因為電影院並沒有積極持續地把錢投資修繕老舊空間。其原因正如電影製作人兼首爾瑞逸大學金益相（音譯）教授所說，因為電影院本質近乎飯店一類的租賃業，如果當天沒進帳就得承受損失，電影院沒有客人就不願投資設備。

難道是因為有這種危機意識嗎？韓國電影院更加賣力前行。現在韓國人從凌晨五點就能在電影院大銀幕上，實時享受巴西的足球賽、或紐約歌劇院表演，或演唱會直播現場。韓國電影院轉型成能邊吃美食邊喝香檳，享受表演的宴會廳。「文化影城」（Culture-plex）[14] 會是更適合今時今日的電影院的名稱。

Cast Study
驅動內容的技術領導力

　　電影院一路以來與音響、影片等各種技術的歷史結伴而行。電影在 20 世紀初以驚人氣勢成長時，電影製作技術也不遑多讓。電影製作技術進步之激烈，最終改變了音響產業與圖像的歷史。舉例來說，「西部電氣」是一家製作電影院音響的公司。它開啟立體音響時代，對音響歷史有著巨大的影響。另外，5.1 聲道在大眾關注家庭影院的 20 年前就已經被引入電影院。

　　隨著電腦普及和相關技術的發展，無論是電影拍攝技巧或電影院上映設備，都不足以乘載全球先進科技，特別是電影特效。好萊塢影業在 1950 年代經歷低潮期，為了壓低製作費，刻意地縮減投資金，導致兩者的差距被拉得更大。這種基調維持了許久，就連拉開製作電影製片技巧競爭的 1970 年代電影《星際大戰》在拍攝當時，導演為了體現想要的特效，還得親自聯絡二手機器商和過去的攝影棚倉庫。[15] 某本電影雜誌評論電影產業的技

術落後現象,「名為電影的媒體和人們現在使用的科技相比,超級老派。」[16]

　　不過,不能斷言說只要技術夠好,就能立刻得到大眾的迴響。也許就是因為這個原因,電影從業人士對引入新技術持保守態度。怪不得在 1980 年代,能把黑白電影上色,轉變成彩色電影的技術剛問世時,憤怒的好萊塢發生了一些令人哭笑不得的歷史事件。執導經典作品《日正當中》(*High Noon*)和《亂世忠魂》(*From Here to Eternity*)的名導佛烈‧辛尼曼(Fred Zinnemann)對著這些彩色電影大喊:「這是一級文化犯罪」。還有,馬丁‧史柯西斯(Martin Scorsese)導演對像是《北非諜影》(*Casablanca*)等的經典作品被加上顏色,憤慨地表示:「這是褻瀆神聖」。[17]

　　市場的反應卻大相逕庭。以電影《風雲人物》(*It's a Wonderful Life*)為例,在 1980 年代,《風雲人物》賣出 1 萬多套黑白版,但在差不多的時期,彩色版銷量是 5 萬套以上。由此得出的最終結論是,技術好壞是一回事,「觀眾心,海底針」,觀眾的心要揭開蓋子才會曉得。不過,難道觀眾也無法事先預測自己的心嗎?

　　觀眾對數位觀影環境的反應如出一轍。在數位銀幕時代正式到來之前,絕大多數人是類比(膠卷)擁護者。大多數觀眾對數位觀影感表現反感,對數位科技敏感也很關注的韓國觀眾也是一

樣的。

不過，CJ 確信「數位時代一定會到來」，一點一點地準備著。2004 年，CGV 上岩首次舉辦數位電影《誰拿了錄影帶》（어깨동무）試映會。2005 年，CGV 龍山在 11 個影廳內設置數位放映機，同年 12 月 13 日在龍山全廳數位上映電影《颱風》（全電影院進行數位放映是世界首例）。

3D 電影的情況也相同。3D 是 20 世紀中期才誕生的概念，但由於戴 3D 眼鏡看電影，眼睛又酸又痛，不受電影院歡迎。可是，CJ 有不同的想法。CJ 認為超越觀眾需求的果敢行動是平台業者的宿命，因此提早為 3D 觀影環境作準備。CJ 決定自主開發技術，而非支付專利權費以引入海外技術。CJ 和韓國國內企業合作開發出在原本放映機前旋轉能產生 3D 立體效果的過濾器。2009 年，在全世界電影史上留下濃重一筆的數位寵兒《阿凡達》的登場，使得 CJ 堅持投資的努力開花結果。CJ 按部就班武裝好的數位和 3D 放映環境，「萬事具備，只欠東風」的影廳遇見了最適合的作品《阿凡達》，如魚得水。《阿凡達》足足動員 1360 萬名觀眾，韓國電影界刮起了「3D 狂風」。

繼 3D 之後轉移 CJ 視線的是 4DX。除了 3D 立體效果之外，4DX 還能感受到流水、微風、香氣和震動等刺激五感的臨場效果，所以 4DX 影廳也被稱為「五感體驗影廳」。主題樂園有類似的遊樂設施。但那種遊樂設施會播放的影片長度不過三到五分

鐘，因此當 CJ 考慮製作 90 分鐘以上的電影時，集團內部擔憂聲浪四起。不過，李在賢會長對未來信心十足，大力推動改革，於是在 2009 年 1 月，CGV 上岩設立韓國國內第一個能上映 4D

4DX全球觀影人數

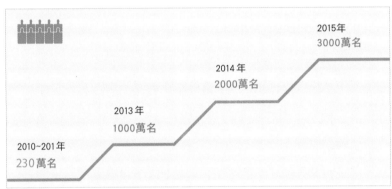

2015年
3000萬名

2014年
2000萬名

2013年
1000萬名

2010~201年
230萬名

*CJ 4DPLEX資料參考

4DX供需電影片數

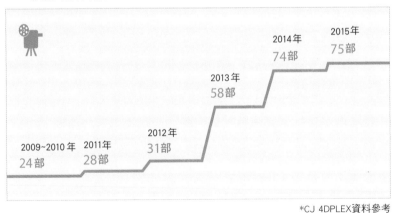

2015年
75部

2014年
74部

2013年
58部

2012年
31部

2009~2010 年
24部

2011年
28部

*CJ 4DPLEX資料參考

內容的 4DX 影廳。

第一部上映的 4DX 作品是奇幻冒險電影《地心冒險2》（*Journey 2*）。這是個多少有點遺憾的選擇。當時很多人認為《功夫熊貓》（*Kung Fu Panda*）的夢工廠電影更適合 4DX 技術，野心勃勃的 CGV 也促進開發簽約。但最後因夢工廠技術負責人不理解 4DX 概念，計畫胎死腹中。後來，第一次受到正視的 4DX 作品是 2009 年在韓國上映的恐怖電影《我的血腥情人節》（*My Bloody Valentine*）。這部作品在恐怖作品中被分類為，讓人不寒而慄的「超硬派」之作，因此被期待為能讓五感體驗效果最大化的作品。預感命中了。《我的血腥情人節》通過口耳相傳獲得驚人人氣，滿座率高達 91%。

從那時起，幾年後的今天，觀眾把多元的觀影方式視為理所當然。越來越多人根據電影類型、內容製作方式，或自己想要的觀影氣氛去選擇影廳，能凸顯 3D、4DX 或 Sound X 這一類影片或音效的影廳受到歡迎。

《復仇者聯盟2：奧創紀元》（*Avengers: Age of Ultron*）、《侏羅紀世界》（*Jurassic World*）、《瘋狂麥斯》與《不可能的任務：失控國度》（*Mission Impossible: Rogue Nation*）等電影，受惠於特殊影廳擁有的光環。以《侏羅紀世界》為例，基於恐龍主題公園的主題特殊性，能更生動體驗電影的觀影環境自然而然地吸引觀眾入場。以 CGV 滿座率為準來看，3D 版滿座率為 3.1%、

IMAX 版滿座率為 30.4%，而 4DX 版滿座率為 54.4%。[18]

甚至現在觀眾在挑選符合自己口味的版本時，出現了一種叫「銀幕族」的觀眾——把同一部電影的各種版本都看過一遍的人。以《復仇者聯盟 2：奧創紀元》來說，分成了能消化復仇者聯盟的角色的多元特徵的普通版、強調力量的「浩克」版和強調飛行樂趣的「鋼鐵人」版等等，有些人看完三種 4DX 版本覺得都不滿意，所以出現了很多「挑電影院」的狂粉。這些狂粉跑遍各大電影院，把 IMAX 版、3D 版、2D 版全都看了。這種現象，與其說是因為觀眾覺得不同技術的觀影環境很有趣，更應該看成是近期的電影作品，逐漸能襯托出電影院基礎設備的魅力。有證據表示，內容也正迎合平台的進步，朝平台優點所在的方向進化中。

從 CGV 看未來的電影院

韓國觀影環境的遙遙領先，許多海外國家都將韓國電影院視為標竿。數年前，在美國拉斯維加斯舉辦的國際級電影博覽會（Cinemacon）上，夢工廠 CEO 傑佛瑞 · 卡森柏格道：「如果想知道電影院的未來，就得去韓國看看 CGV 在做什麼才行。」[19]

在美國有線電視新聞網（CNN）評選出的全球十大電影院中[20]，CGV 4DX 電影院排名第五。[21]其他榜上有名的電影院都是以享受奢華的顧客為主要客群的 Boutique 影廳，因此這可以看成是韓國電影院技術領軍能力受到肯定。

CNN 選出的全球十大電影院

1. Cine Thisio，希臘雅典
2. Alamo Drafthouse，美國德州
3. Raj Mandir Theatre，印度齋浦爾
4. Kino International，德國柏林
5. **4DX，大韓民國首爾**
6. Uplink X，日本東京
7. Prasads，印度海德拉巴
8. **Cind de Chef，大韓民國首爾**
9. Secret Cinema，全世界
10. The Castro Theatre，美國舊金山

繼 4DX 之後，CGV 正在挑戰開發全球第一個的多方位銀幕系統「Screen X」。Screen X 的銀幕不僅限於正面，其採用正面擴大螢幕至左右牆面，提高觀影臨場感。2013 年 10 月，釜山國際電影節率先放映採用 Screen X 技術拍攝的金知雲導演作品《The X》，獲得「打破想像邊界」的好評。

「過去我們的技術都是買來的，現在 4DX 是我們擁有的第一個技術，正在推向國際市場。」

——CGV 文化影城企劃組成仁濟（音譯）部長

CJ 靠自家開發的高科技技術作為主武器，把先進的放映文化宣揚國際。CJ 的戰略不僅是輸出名為電影的韓流內容，同時也要在全球打造名為 CGV 的電影院品牌的「複合基地」，創出作為兼具軟、硬體競爭力的文化產業之綜效。至 2020 年為止，CJ 已進軍 12 個國家，並雄心壯志地要把目前約 20%（以 2014 年影廳觀影人數為準）的全球比重提高至約 80%。就地區而言，不知不覺間大步邁向電影產業核心市場的中國是 CJ 最積極攻略的對象。即便 CJ 內部對電影院的未來展望出現分歧，不過因為中國是一天會增加 15 個影廳（以 2014 年為準）的巨大成長市場。匯集 CGV 技術的 CJ CGV 已在中國開設，其中包括 4DX 影廳、上映系統 Screen X、半球形銀幕的特別館 SPHEREx、超大型數位影廳 Starium 等的多樣化影廳。

　　電影院是融合 3D 和 4D 眩惑魅力的環境，也正在朝警戒線外的未知領域發展，讓我們靜候第二次的阿凡達誕生。

要對多樣化電影專用空間傾注愛意的原因

不管替電影院添加魅力要素有多重要，其優先「本質」仍舊是內容本身的競爭力。

出版《娛樂營銷完全指南》）（*The Entertainment Marketing Revolution*）一書的作家阿爾・利伯曼（AI Lieberman）與帕特里夏・埃斯蓋特（Patricia）為該領域專家。正如兩人強調的，為了加快大眾的步伐，「想看、值得看、不得不看」電影和「想去、值得去、不得不去」的觀影環境，得相輔相助才行。

就此前提下，我們不得不聚焦於「內容多樣性」。從文化競爭力角度來說，能欣賞鮮有機會看見的各國「多樣性」電影——即獨立電影、藝術電影和紀錄片等低製作預算的作品的環境相當重要。在韓國大咖都以商業化為主的批判聲浪中，相較不自由，卻積極探索與「小電影」共生共贏的 CJ 的到來，令人高興。

「藝術之家」的可能性

「Movie Collage」雖非大眾品牌，但喜愛藝術性和作品性高的多樣性電影的人，應該都很熟悉。這是專門放映過去 10 年 CJ 經營的藝術片和紀錄片，被歸類為「非商業電影」的中低預算作品放映廳。多樣性電影獲利不高，只要觀影人數達到 2 萬名就會被認為是賣座作品，Movie Collage 的存在算是替多樣性電影打下根基。

CGV 一直致力把 Movie Collage 影廳推向另一端。為了與大眾進行溝通交流，CJ 正推動各種項目，包括把多樣性電影推廣到全國 40 多個一般影廳，每月一次的「藝術之家之日」；邀請影評家與導演等的業界專家，和觀眾進行對談的「電影談話」；教授電影與電影相關的各種文化課堂「藝術之家課堂」；在韓國全國 CGV 藝術之家直播知名影評家的「直播談話」；還有，以美術、音樂和文學等其他藝術題材為主解析電影的「藝術談話」等等。此外，CGV 透過釜山國際電影節和首爾獨立電影節等的各大韓國代表性電影節，頒授 CGV 電影獎，發掘有才華的導演與優秀作品。[22]

最近大眾對多樣性電影的關注一下子變多了，有許多人表示「之前不知道有這種電影，所以沒看」。2014 年是藝術大片和紀錄片包攬作品性和票房成績的一年，包括《青春勿語》、《布達佩斯大飯店》（*The Grand Budapest Hotel*）、《雲端情

CGV 藝術之家品牌形象（BI）
CGV 藝術之家的 BI 是結合電影製作現場的「打板」（slate）和電影院的「立面」（facade）形式，宗旨是在最佳環境下放映作品性高的電影。

人》（*Her*）等的作品屢獲肯定。把這一波浪潮推向最顛峰的是 CGV 藝術之家聯合發行的《我的愛，別渡過那條河》（*My Love, Don't Cross That River*）。這部描述老夫妻淒婉愛情的電影創下韓國獨立影史上最高票房記錄。

值得關注的是，在 CGV 進行的問卷調查中，七人中有一人表示不知道這是多樣性電影[23]，還有更多人表示希望更加積極推動這一類電影宣傳和上映日期，以接觸到更多資訊。

CGV Movie Collage 在 2014 年 11 月更名「藝術之家」。Movie Collage 品牌目標是多樣性電影推向更多大眾的懷抱。在受到名字與目標難以結合的指責下，CGV 決定更名。CGV 狎鷗亭和明洞站的 Cine Library 經過部分更新作業，設置了最適合欣賞藝術電影的銀幕和音響設備，升級的獨立電影與藝術電影專用影廳就此誕生。[24] 尤其是 CGV 明洞站，除有一般影廳和藝術影廳外，還有收藏了 1 萬多本電影書籍的韓國第一間電影圖書館

「Cine Library」，重生為電影與圖書共存的複合文化空間。

圍繞著低預算電影的經濟理論

到了這時候，會產生一些疑問是正常的。能不能以經營低預算的多樣性電影為主去經營電影事業？如果拍攝製作成本低，並且兼具作品性與票房性的藝術大片，應該能建立起豐厚的收益結構吧？但令人遺憾的是，至今多數人仍認為藝術大片是曇花一現的稀有品種。相較於為了規避風險而起用片酬低的明星，挑戰製作「一部好的大片」的賣座大片策略，對電影公司的損益表和品牌知名度更有利。[25]

既然如此，低預算的多樣性電影仍存在於好萊塢或韓國市場的原因為何？當然是因為有非常熱愛電影的獨立電影製作公司，也有把拍攝藝術電影視為目標的導演，市場上才一直有這一類作品。至於多樣性電影的「上映」問題難道不會受到經濟邏輯的支配嗎？關於大型電影公司會接納少數人響應的多樣性電影，還有他們必須接納的理由，我們有必要傾聽哈佛大學教授艾妮塔・艾爾柏斯的意見。艾妮塔・艾爾柏斯的論點是，假如大型電影公司持續支援豐富多彩的低預算電影，有助公司在經營與行銷方面樹立良好形象，占據有利的高地，也能在電影界構建更廣泛、緊密的投資網路。此外，大型電影公司還能藉由作品性強的多樣性電影，和演員、導演與影評家建立友好關係。

然而，站在每部作品都是一場血戰的電影生態界的立場，大概下述內容會是最有力論點。多樣性電影或能成為一場「小實驗」，創造出製作更穩定又更具競爭力的大作的契機。在過程中，大型電影公司不用冒巨大風險測試作品本身的魅力，還能替沒名氣的演員、導演和編劇提供機會，彼此「雙贏」。另外，多樣性電影主要談論跨越政治、社會和文化界線的多樣議題，能供大眾反覆咀嚼。

在同時創出社會價值與經濟效益的社會層次上，考慮到弱者的煩惱，用真誠態度包容多樣性電影的平台，或許能成為這幾年來企業獲取 CSV（創造共享價值）的優秀手段。

1　2007年，韓國電影振興委員會針對未來電影工作企劃案說明時，提及的用語，泛指獨立電影、藝術電影與紀錄片等
2　這些電影的票房成績在韓國特別好，可以想成是韓國人對電影的喜好，與對電影院的偏好發揮了作用
3　電影院不再是全球市場的第一名平台，根據PwC資料，以2011年為準家庭錄影帶超過了電影院票房
4　《Schnellkurs Hollywood》，Burkhard Röwekamp著
5　〈從歷史脈絡看媒體整合現象的框架〉（參考2003年廣播與通信整合研討會），牧真子（音譯）
6　〈影城事業研究〉，柳型鎮（音譯），韓國電影振興委員會，2015年
7　據統計，觀影人數為1億3200萬名，人均觀影次數每年為2.2次，觀影人數和觀影次數都成倍增加
8　〈新日本電影型態〉，《亞洲電影的今天》（아시아 영화의 오늘），金真海（音譯）
9　《電影內容商業》（영화 콘텐츠 비즈니스），金型錫（音譯）著
10　合資法人總資本為60億韓元（折合台幣約1億4000萬元），合作條件為第一製糖持有50％股份，剩下的兩家公司各持有25％股份。2002年10月，股東由威秀電影公

司變成Asia Cinema Holdings，更名「CGV株式會社」

11 《聯合新聞》，1998年7月3日報導

12 《聯合新聞》，2002年10月29日報導

13 「CJ CGV改變了韓國電影產業的框架」，《東亞商業評論》（동아비즈니스리뷰），2008年11月21日報導

14 culture和complex的合成語

15 《Schnellkurs Hollywood》，Burkhard Röwekamp著

16 「Bigger than life.」〈American Film〉，《好萊塢電影》，Burkhard Röwekamp著，1984

17 《How Hollywood Works》，珍妮特・瓦斯科（Janet Wasko）著

18 CGV資料

19 〈傑佛瑞・卡森柏格，在頒獎典禮上盛讚『CGV靠著最先進科技不斷地推動革新』〉，《亞洲經濟》，2011年3月31日網路報導

20 「10 of the World's Most Enjoyable Movie Theaters」，CNN，2014年4月21日報導

21 CGV狎鷗亭的Boutique影廳「CINE de CHEF」排名第八

22 2012年，榮獲CGV Movie Collage獎的《芝瑟》（지슬）受惠於寬螢幕，吸引了14萬名以上的觀眾；2013年，在釜山國際電影節獲得同樣獎項的《青春勿語》（한공주），也在2014年得到馬拉喀什國際影展、鹿特丹影展與多維爾亞洲電影節肯定，橫掃影展

23 「2014年震撼的『藝術大片』，不知道是多樣性電影就不能看？」，《Herald POP》，2014年12月31日報導

24 CGV狎鷗亭設有三個藝術之家影廳，其中有韓國國內第一個一年365日放映韓國獨立電影的「韓國獨立電影專用影廳」，而CGV明洞站則替電影人設置了免費文化空間「Cine Library」

25 「實際上，派拉蒙影業在2004年初期製作過許多名不見經傳的演員出演的B級電影，結果公司收益下滑30％，於是派拉蒙緊急轉變策略。」《超熱賣商品的祕密》（Blockbusters），艾妮塔・艾爾柏斯

Bridge

改變亞洲大眾文化版圖，全球內容戰略

　　只要是地球人，幾乎都聽過超級暢銷書《哈利波特》（*Harry Potter*）。其作者 J・K・羅琳（J.K. Rowling）的祖國是英國──「莎士比亞的國家」。J・K・羅琳用豐富的想像力寫下描述少年魔法師的成長期七部奇幻小說，並被翻譯成 67 種語言，銷量超過 4.5 億萬本。[1] 此外，電影《哈利波特》（*Harry Potter*）系列從 2001 年到 2011 年，整整 10 年的賣座票房收入超過 77 億美元（折合台幣約 2000 億元）。

　　哈利波特以電影的成功為基礎，受惠於角色商品到電子遊戲等的各式各樣周邊商品事業範圍擴大，其人氣不亞於迪士尼的米老鼠。有分析認為，假如把所有的哈利波特的周邊事業銷售額加總，將超過 3 萬億韓元（折合台幣約 700 億元），比韓國 10 年的半導體出口額 230 萬億韓元（折合台幣約 5 億 4000 萬元）還要多。對英國人來說，百年不遇的講故事人是「用印度也不能交

換的」[2]。哈利波特成了堪比莎士比亞，廣受英國國民喜愛的國寶。

重要的是，哈利波特牌提款機至今仍發揮著作用。因為繼美國奧蘭多、日本大阪之後，倫敦也落成了哈利波特影城，正作為國際觀光商品大顯神威中。這時候，有個問題，那就是以哈利波特影城為首，把哈利波特這個 21 世紀最棒的角色全方位打造成文化內容的主體，明明是美國的華納兄弟與環球影城，那麼，哈利波特究竟隸屬於哪一國呢？如同某專欄文章的題目拋出的問題般，「電影《哈利波特》的國籍是英國還是美國？」[3]

也許很多人會反射性回答：「哈利波特當然是英國的，它是英國電影，不是嗎？」當然，從塑造作品的創作魂來看是如此，加上眾所皆知，不僅《哈利波特》的作者是英國人，電影背景也同樣在英國，演員更多是英籍。不過，假如深究這部電影的收益者是誰，結果令人搖頭。因為《哈利波特》系列電影和其衍生產業的獲益方，正是負責投資和發行的美國主要電影公司華納兄弟。

不只有《哈利波特》，從《007》系列到《金牌特務》，英國創作者一舉成名的例子數不勝數。但現實是，美國大企業奪走了創作產物的「核」。對於這種情形，有些英國人委婉地表示遺憾。2014 年，美國奧斯卡金像獎入圍作品《地心引力》（*Gravity*）在英國倫敦近郊拍攝而成。而影像藝術家出身的史提夫‧麥昆（Steve McQueen）導演執導的《自由之心》（*12 Years A Slave*）入圍消息一傳出，某家媒體立刻出現反彈報導：「幸好奧

斯卡頒獎典禮不會像奧運台升旗活動一樣。」[4] 這是對天價酬勞的英國「援軍」入籍，穿上他國國家隊隊服參加奧運賽的自嘲。

當然沒有任何國家能說英國的案例很可悲，因為作為內容強國的英國擁有巨大的品牌價值，無法僅被視為「傭兵國」，英國光從內容出口國所得、旅遊業觀光收入與就業效果等，便已受益良多。

從現實來看，其他國家不要說當第二個美國，就連要成為第二個英國都不簡單。英國坐擁出色的品牌價值、創作人才輩出、英語圈文化優勢，及和好萊塢建立了強而有力的夥伴關係，英國是唯一能攻佔全球市場的國家。許多國家無法克服文化折扣造成的劣勢。

文化產業也能延續「G2 力量」嗎？
──想與美國分庭抗禮的中國

「儘管單一主導國的力量越來越強大，但隨著新勢力的出現，在不久的將來，韓國將不再是唯一主導國。」

「其他國家的文化正在崛起，並抗衡美式娛樂與歐洲文化，新內容的國際流通開始發揮影響力。」

──弗雷德瑞克 • 馬泰爾（Frederic Martel）

美國企業巨頭在娛樂和媒體領域大量產出大眾文化產品，暢通於地球村各處的巨大力量，幾近無敵。法國知名文化評論家暨新聞工作者弗雷德瑞克・馬泰爾，在五年多的時間裡輾轉於 30 多國，探索大眾文化內容的力學構圖。他的結論是，毫無疑問地，目前掌控大多數消費者心理，引領文化領土的「主流」的「主導國」是美國。[5] 不過，以馬泰爾博士為首的許多文化產業專家提出臆度：「也許在 21 世紀，美國不會是唯一霸權國。」隨著網路改變內容型態與產業構圖的數位時代到來，體裁與平台之間的界線被打破，內容需求變得多元，專家們看好新興勢力的崛起。

　　在這種全球文化產業構圖中，有一位高喊「我跟別人不一樣」的挑戰者挺身抗衡，這名挑戰者的身分可想而知，正是中國。由市場規模來看，中國現在儼然是「文化大國」。中國大眾文化產品市場正以驚人速度發展，規模巨大。以 2015 年為準，2009 年中國內容市場規模為 765 億美元（折合台幣約 200 億元），乘勢而上，在五年內成倍增長，占據全球電影市場亞軍寶座。

　　再者，中國政府每年擴大 20％成長規模，燃燒著 2020 年成為全球最大文化產業基地的野心，一手撰寫 G2 劇本──在超越手機市場的文化內容市場上[6]，無論是消費或生產，中國都與美國並駕齊驅。早已橫掃製造業的中國，會對比手機市場大五倍的黃金市場燃起這種征服欲，天經地義。

中國內容市場規模與展望變遷（2009~2018）

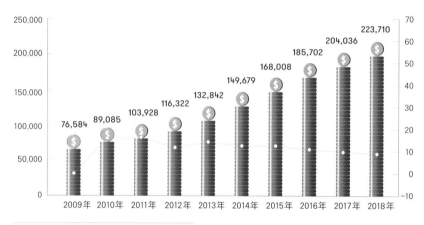

市場規模（百萬美元）　　　成長率（%）

* PwC(2014), ICv2(2013, 2014), Barnes report(2013, 2014), Box Office Mojo(2014), Digital Vector(2013), EPM(2013, 2014)資料

文化內容產業全球市場規模

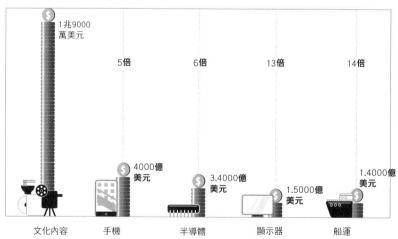

市場規模（百萬美元）　　　成長率（%）

*IMF, PwC, HIS, Gartner, NPD, 2014年基準

當然，「文化大國」和「文化強國」之間無法畫上等號，更何況中國在文化產業要擁有與美國分庭抗禮的力量和內功絕非易事，也無法一蹴可成（甚至美國的力量正在增強中）。因為文化產業是需要強大的硬實力與軟實力相互協調造就，名為「智慧力量」的高深內功領域[7]，是以許多人表示，中國再厲害，在文化市場談 G2，為時過早。

同時舉起矛和盾的中國妙策

中國在動用一切手段之後，豁然醒悟到文化內容力量不可能一夕之間迅速成長，於是改弦易轍，在活用「矛」與「盾」方面下功夫。

首先，中國揮舞著強大的資本力量，不分國籍，多方涉獵各種內容。在電影領域方面，中國最近以雄厚的資本實力為基礎，大刀闊斧地向大眾喜好度高的好萊塢大片進行大規模投資，共享利益。正因這份果敢，在創下全世界驚人賣座票房的外國電影中，接受中資的好萊塢大片正在增加。[8] 中國「本國色彩」本就強烈，又加上電影票房佳績與龐大的資金，好萊塢大片受到中國的影響越來越大，也是理所當然的。好萊塢大片甚至會特別加入「中國元素」，邀請中國演員出演，或到中國進行外景拍攝等等，舉例來說：中國女演員范冰冰在《鋼鐵人 3》（*Iron Man 3*）短暫登場，以及《變形金剛 4：絕跡重生》（*Transformers: Age of*

Extinction）前往北京和天津取景。

在電視劇與綜藝領域，中國對韓國內容抱持積極的投資態度。自《大長今》（대장금）之後，韓劇一直缺少熱門作品，直到 2013 年的《來自星星的你》（별에서 온 그대）成為契機，韓劇再次受到中國注目。至於有著爆發性人氣的《Runing Man》等韓國綜藝節目也自有效果。據統計，中國在 2014 年對韓國文化內容產業投入的資金規模較前一年多了 2.7 倍。[9]2014 年一年中，中國進口了 12 項韓國版權項目，佔韓國整體外國版權比重的 48％。中國的野心不僅於此，還購買了電視劇與綜藝節目的知識財產權，製作成中國版，或以雇用「傭兵」的方式，僱傭韓國人力，確保優秀的人力，製作出越來越多符合中國市場口味的內容。

中國不光積極投資，同時兼備強大的防禦姿態。中國政府在替本土市場提供動力的同時，毫不掩飾對於本土文化領土的庇護。自中國政府 2012 年推動電影配額制度以來（從每年 34 部調整至 20 部）就堅守原則。在 2014 年，中國在網上推動文化內容事前審議規定，動員了聰明的防禦機制，以阻擋韓流電視劇和綜藝等海外節目能即時又便利播放的機會。在消費者喜歡消費韓流內容的主要網站上，規定上架國外內容之前必須先取得上映許可證，假如不遵守規定，則於 2014 年 4 月 1 日起，網上禁播國外內容。從那之後，「K- 電視劇」[10]受到出口價格打擊，迎

全世界娛樂&媒體市場成長率（2014～2018）

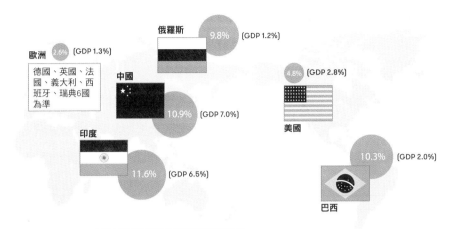

*PwC Global Media Outlook 2014~2018, IMF, 韓國內容振興院資料

全球媒體企業銷售額比較

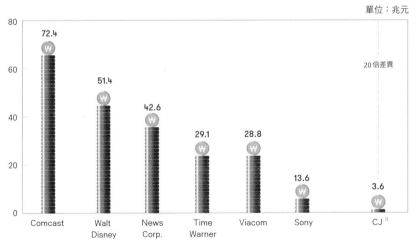

單位：兆元

*2014年各公司年度報告，以韓元兌美金匯率
1) CJ是2014年ENM、CGV、HelloVision銷售額合計

來逆風是當然的事。[11]

在文化大企業的無止盡的戰爭中，K- 內容的位置是？

消費大國中國就是黃金市場？儘管亞洲中產階級人口只有
5000 億，不過隨著中國經濟發展迅速，到了 2030 年預計增加到
30 億人。[12] 與此同時，也不能忽略被稱為「VIP」（Vietam、
Indonesia、Philippines）的東南亞三小國的發展勢力。至於中國
作為亞洲大眾文化市場，擁有 13 億人口和巨大資本的最大文化
消費國暨生產國，將會占據中心地位，帶來爆發性成長。這是為
什麼連好萊塢也不能不看中國臉色的原因。

在這種情況下，夢想成為第二個阿里巴巴和小米的企業陸續
登場。中國首富王健林會長率領的巨頭企業萬達，在 2012 年收
購陷入經營危機的美國第二大娛樂企業「AMC」，一夕之間成
為全球最大連鎖院線經營者。緊接著，不過一年的時間，王建林
宣布將投資 8 兆 8000 億韓元（折合台幣約 2000 億元）的天價
數字，把中國海港城市青島打造成擁有投資、發行、上映院線網
和主題樂園的中國版好萊塢，設立所謂的「青萊塢」電影帝國。

中國最大的民營電影發行公司博納影業，通過海外發行、電
影院投資與電影廣告等方式擴張領域，電視劇業界的龍頭老大華
策影視則把事業力量擴大到電影、新媒體、廣告、經紀和遊戲等
各種文化內容產業。另外，2014 年騰訊遊戲投資 6000 億韓元（折

合台幣約 140 億元）收購 CJ Games 股份之外，也收購美國大型
遊戲公司或購入股份，包括 Epic Games、動視暴雪等，一度成
為熱議話題。

　　上述新興中國企業採取一系列的行動的共同分母指向了全球
媒體企業，不僅積極汲取內容資訊，更是積極吸收傳播內容的平
台。由此可見，中國有心培植能與好萊塢匹敵的規模和力量，以
中國內容一決勝負的意圖。像這樣，中國與美國，前者是在中國
政府的大力支持下，成長成威脅性強的新興強者，而後者炫耀自
身強大力量，夾在中美之間的韓國大眾文化產業的立足之地究竟
在哪裡？韓國該採取什麼樣的策略才能持續提高「K- 內容」附
加價值。正如韓國諺語「鯨魚打架，殃及蝦米」所言，作為蝦米
的韓國不能不煩惱。

在歌利亞之間開拓出 CJ 絲路

　　儘管中國企業積極擴張與猛烈的牽制行動，和好萊塢日漸發
威，但 CJ 並不覺得這是一場沒有勝算的戰鬥，反正商場上本就
沒有永遠的盟友，也沒有永遠的敵人，CJ 不是害怕失去而無法
前進，而是採取尋求和當地企業建立長期的合作夥伴關係，追求
共利成長的合作機制。

　　自從 1990 年代中期，CJ 樹立起「文化企業」的招牌，便對
全球市場下苦功。

CJ 相信有朝一日，包括韓國在內的亞洲大眾文化，會擁有不遜於英美圈的潛力。雖說 CJ 能撐下來，多虧這個「浪漫」的夢想和信任發揮了部分作用，不過另一方面是因為 CJ 確信文化產業會是養活韓國經濟的新一代核心動力。因為從已開發國家的案例看來，人均 GDP 超過 1 萬 5000 美元（折合台幣約 42 萬元）時，製造業在國家經濟的比重減少，服務業比重上升是必然的過程。另外，CJ 的信心背後也包含著 CJ 意識到內需市場相對規模小的國家一定會碰到成長瓶頸，產業發展到一定程度，製作費會增加到無法承受是理所當然的，假如能拓寬市場，是不是機會就會變多，風險也會被分散掉（尤其文化內容不需原料，普及成本相對低，出口容易的性質，在數位時代更加吃香）。從多方面看待進軍全球市場一事，就長遠而言，CJ 認為這是為了「生存」至高無上的課題。

　　在這樣的背景下，CJ 從夢工廠投資時期就取得了「亞洲發行權」，從 2000 年代中半期起正式敲打海外市場的大門。CJ 不僅進軍中國和日本，還前往了印度尼西亞、越南與菲律賓等東南亞市場。由於當時東南亞的基礎設施嚴重不足，成熟度不足以到能發展 21 世紀型的文化產業。不過 CJ 不是把東南亞單純作為攻略對象，而是在謀求發展當地大眾文化基礎設施的「相生」宏遠藍圖下，懷抱「由我們培養市場規模」的膽識，瞄準搶占先機的效果。

不過這終究是一場長遠且高風險的投資，站在 CJ 的立場，不得不謹慎，於是 CJ 尋求階段性進步。CJ 起先以單純出口為主的方式接近東南亞市場，後來逐漸直接投身發行領域。CJ 認為縱使要冒風險，也得踏入當地市場。在過程中，CJ 受到外界「真的能成功嗎」的疑心視線，歷經種種失誤，如今 CJ 品牌在亞洲市場的輪廓變得明顯，站穩了腳跟。

　　現在的 CJ 靠推動適合當地市場的內容與作品，執行「全球在地化」（Glocalization）策略，積極參與製作。儘管 CJ 走向真正的國際內容企業還有段漫長的路，不過它目前為止取得的成功的關鍵核心就是全球化（Glocal）策略。

CJ 的雙軌策略，全球化 VS 全球在地化

　　CJ 瞄準全球市場的內容策略就是「雙軌」（Two-track）策略。CJ 投資、製作像是如《末日列車》般獨特卻蘊含好萊塢式說故事法的大作，將歐美圈納入戰略半徑，製作製作「泛全球化內容」是一條主軸，而另一條主軸則是實踐「全球化內容戰略」，通過當地人力製作出符合當地情懷的作品，進而攻佔以中國為首的亞洲市場。CJ 尋求二元化格局，把振興文化產業到成為能與好萊塢共存的「亞洲盟主」作為目標的原因，不是因為想展現開拓市場的企業進取面貌，而是因為韓國影視內需市場不可能實現

目標的韓國企業先天限制而導致的宿命。舉例來說：儘管韓國電影市場享受著「觀影人數」文藝復興，但單看韓國內容企業的盈利率，大多是個位數或負數的低獲利。反之，全球媒體企業銷售規模大到了令人合不攏嘴的地步，享受兩位數盈利率的情況比比皆是。

　　兩者的差距從何而來？雖說是因為韓國電影暴增的製作費與行銷費，但仔細觀察會發現並非如此。韓國電影院在過去 10 幾年的營業收入提高了九倍，平均每部作品的製作費卻只增加了兩倍（從 1996 年的 10 億韓元 [折合台幣約 2300 萬元] 增加到 2014 年的 20.1 億韓元 [折合台幣約 4700 萬元]）。[13] 如果想兼具好劇本、大牌演員和票房大片級的影像美，數百億元的製作費消耗速度快到讓人失笑是一定的。好萊塢有許多數千億元的作品。問題是投入數百億元的韓國內需用電影就算票房開出佳績也難以回本。如果韓國作品不能擺脫韓國內需市場的束縛，從海外市場賺取利潤，製作成本再低，就連好萊塢也不會願意投資。

　　CJ「全球化內容」戰略展示著如萌生幼芽般的成果，尤其是因為好萊塢的強勢與文化折扣，進軍不易的電影部門取得了預期成果，襯托出 CJ 的活躍。[14] 舉例來說，CJ 把目光正式轉向海外市場，傾力扶植越南市場，不經當地發行商，由韓方直接發行

電影，從 2011 年下半年開始，越南市場的韓國電影佔有率幾乎增加兩倍以上。這個結果和 CJ 把版權交給當地發行商發行時天差地別。2013 年 9 月發行的《殺人漫畫》（더 웹툰：예고살인）創下超過 28 萬美元（折合台幣約 770 萬元）的佳績，是過去在越南上映的韓國電影中的最高電影票房。韓越合作的《Để Mai tính 2》也獲得巨大的成功。儘管越南電影市場目前規模不大，但從 CJ 直銷電影的成果來看，三年內增長了 600% 利潤。

對於亞洲黃金市場——中國，CJ 認為全球化內容戰略也是最佳解答。因為全球化內容戰略的優點除了製作符合當地喜好和情懷的作品外，對本國國外內容採明顯防禦態度的中國來說，合作形式的內容是上上策。尤其中國市場的電影人力和品質方面仍遠遠落後。考慮到電影產業的屬性，正如製造業一樣，光踩踏板很難在數年間分出勝負，中國還有很長一段路要走。這一點反而是韓國的機會。

「儘管中國電影產業發展迅速，但人力短缺嚴重，不得不留心鄰國的優秀人才。」
——CJ ENM 電影產業部門中國投資發行組李奇妍（音譯）組長

CJ 瞄準可能性，大膽展開本土化戰略，靈活運用「人才」與「體系」的核心資源，以共同製作的形式，提供中國沒有而韓國有的長處，靠中韓合力製作方式擺脫中國政府的國外電影配額

制的限制。好萊塢的《鋼鐵人 3》與《變形金剛 4》會接受中資，採取共同製作形式也是因為如此。

　　CJ 初期為了「徹底的本土化」，有心引入中國導演人才，考慮和張藝謀、陳凱歌等中國名導或有才華的年輕導演合作。CJ 也的確推進過計畫，但和中國當地體系合不來。中國製作公司會獨佔電影版權或自備結算系統，展現出「你們負責投資就好」的欺生態度，風格強硬且絕無轉圜餘地。碰到韓國投資史上少見的情況，CJ 稍微調整方向，「如果中國導演不行的話，我們自己做！」。在這種想法下誕生的成功之作就是吳基桓導演的《分手合約》。

展現全球化內容威力的《分手合約》

　　2013 年 6 月，《分手合約》在中國上映。上映後五週內創下 2 億人民幣（折合台幣約 8 億 6000 萬元）的驚人成績。是韓中合作電影史上最高票房。這部作品是如何打動中國觀眾的心的？

　　有趣的是，《分手合約》是一部充滿「新派」[15] 情懷的愛情電影。[16] 為什麼選擇拍攝在韓國「過時」的「新派內容」的電影？這不是 CJ 為了迎合中國當地潮流而作出的倉促決定，而是以徹底的事前調查結果為基礎的逆向思維。

　　「神奇的是，中國電影裡不存在新派，甚至也少見悲傷的愛

情作品。由於韓國電視劇內容相當強勢，所以我們認為值得一試。韓國的浪漫喜劇電影兼具感動與幽默，但中國沒有這種類型的電影，是以我們作出結論，大可嘗試能讓觀眾涕淚縱橫的通俗新派浪漫愛情電影。」

——CJ ENM 電影產業部門中國投資發行組朴恩（音譯）組長

《分手合約》的劇情和原作不同。CJ 判斷中國年輕女性不是明確的目標群，於是決定翻新整個故事，聘請了三位中國編劇。三位編劇在分階段創作的過程中，足足想了 10 幾種故事版本，故事反覆地誕生又死亡。結果，包含導演在內，全部工作人員各自添加一匙自己的創意，「合作」完成現在的故事。

電影故事線推進方式也符合中國當地節奏。到電影中間為止，維持著浪漫喜劇電影的輕快感，到了電影後面變身超強催淚浪漫愛情，確實地掌控劇情「強弱」。CJ 會作此變奏，是因為假如按照原作「平靜的電視劇」式推進劇情，中國觀眾有可能會覺得膩煩。多虧了這種變奏，《分手合約》在中國不被視為韓國電影，而被視為製作精良的中國電影。CJ 全球化戰略正中紅心。

《分手合約》成為韓國中年導演們第二個事業飛躍期的跳板，以 CJ 領軍的「K- 電影」，替跨越萬里長城的旅程樹立了意義非凡的里程碑。CJ 經過安炳基導演《筆仙》和許秦豪導演《危險關係》等的本土化戰略項目，取得預期成果後，《分手合約》

確實刻印下賣座票房的腳印，中國對中韓共同製作的消極態度自此產生明顯改變。[17]

揭示「OSMT」可能性的《奇怪的她》

全球內容戰略的另一個成果，在 2014 年初韓國人氣電影的《奇怪的她》中萌芽。這部電影從投資階段就決定中韓同時製作，在中國被拍成《重返 20 歲》。儘管大眾多以為《重返 20 歲》是《奇怪的她》的翻拍作品，不過嚴格來說，不是翻拍，而是「異卵雙胞胎」。因為它們是擁有一樣的內容種子，只不過根據當地文化，採用不同的土壤與料理方式為基礎而製作的「一源多用」（One Source Multi Territory）作品。CJ 為了讓作品徹底地中國本土化，從劇本、人力，甚至細節都作了有意義的變化。

首先，CJ 從導演到演員就引入了大批當地優秀人力。《重返 20 歲》由拍攝人氣電影《催眠大師》而受到關注的陳正道導演負責拍攝，改編工作也和中國編劇一起進行。而主演則是代表中國的楊子珊與歸亞蕾領銜。陳正道導演表示，中國觀眾對主角之間錯綜複雜的愛情線感到有趣。這一點和韓國版稍有不同，把三代男性追求一個女人作為主要要素。雖然《重返 20 歲》結合奇幻和喜劇這一點和韓國版一樣，不過就結果來說，韓國版是「人性喜劇」，中國版可說是強調愛情線的「奇幻浪漫愛情喜劇」。

在細節方面，《奇怪的她》的奶奶在變身年輕小姐後，到三

溫暖作伸展運動的時候，切實感受到身體的變化，不過在《重返20歲》改寫成奶奶從跳著中國常見的「廣場舞」（在公園廣場，中老年女性作為運動兼休閒跳的舞）跳舞過程中感受到身體變化而心花怒放。《重返20歲》的插曲則使用中華圈與韓國都有名的鄧麗君名曲，刺激中國上一代觀眾的懷舊情懷。

最後《重返20歲》迎來了超越《分手合約》的巨大成功。2015年2月上映的這部電影吸引1159萬觀眾入場，是中國歷代浪漫喜劇電影票房的第九名，638韓元票房（折合台幣約15億元）。

符合「一源多用」作品頭銜，《奇怪的她》也進軍了越南與日本等國。排除外片，越南版《我的奶奶20歲》（*Em Là Bà Nội Của Anh*），創下59億韓元（折合台幣約13億元）票房，成為越南歷代本土電影票房冠軍，高捧榮譽名銜。[18] 在三個亞洲國家中，代表韓國的全球化內容提高了韓國的地位。越南版聚焦在祖孫情和婆媳矛盾的家庭小插曲，強化幽默要素和玩笑台詞等，配角也由實際的喜劇演員出演。越南戰爭被當成了主角吃苦的小時背景設定。有分析指出，《我的奶奶20歲》交織幽默笑點與感動淚點的結構，對喜愛喜劇的越南觀眾起了作用。有滋有味的的一源多用內容領土仍持續擴張。用全新OSMT調味料烹飪的泰國版和印度版將於2016年上映。[19]

　　「內容本土化是一回事，不過以《奇怪的她》韓國國內行銷

經驗為基礎，在國外市場上映之前，我們和當地行銷人員進行討論，策劃宣傳手法等的各種嘗試，似乎也奏效了。這對我們來說是極大的鼓舞，我們認為我們譜寫了共同製作內容的新篇章。」

—— CJ ENM 電影產業部門行銷一組姜恩景（音譯）組長

全球化加速擴張

瞄準亞洲市場的全球化內容戰略，在電視劇和綜藝等領域也正在發光發熱。其實正如韓劇《太陽的後裔》（태양의 후예）或韓綜《Running Man》的爆發性人氣所表明的，韓國電視劇和韓國綜藝在亞洲地區盡享韓流熱潮。不過，在韓國的廣播電視領域，相較於出口現有內容或格式，CJ 更傾向採用本土化策略，在製作出多樣化的合作內容上下功夫。

沿襲韓劇《仁顯皇后的男人》（인현왕후의 남자）的故事，翻拍出中韓共同製作的中國電視劇《相愛穿梭千年》是一個中韓合作的成功案例。由演員井柏然和鄭爽主演的《相愛穿梭千年》，靠著過去中國電視劇裡不曾出現的特殊結構，首播收視率1.21%，居同時段收視率冠軍。2016 年將播出後續作品。此外，CJ ENM 替 2011 年中國電視劇收視率第一名的人氣電視劇後續作品《男人幫 · 朋友》擔任製作顧問。擁有電視劇最佳製作技巧的韓國導演與工作人員們，正與中國工作人員攜手合作製作完成度高的作品。

中韓合作在綜藝內容中也發揮了很大的協同作用。韓國實境綜藝節目《Let's go 時間探險隊》旨在重現祖先們人生。其中國版在四川衛視創下有史以來最高收視率 1.60％，並緊接播出第二季。此外，韓國人熟悉的 tvN 電視台綜藝節目《花樣爺爺》，合作夥伴上海東方衛視拍攝的中國版《花樣爺爺》，正是通過韓方傳授製作經驗和全面的諮詢，人氣走紅。

另外，越南、泰國與印度尼西亞等新興市場，儘管未臻成熟，但對「K- 內容」有好感，也紛紛通過建立夥伴關係或共同製作，謀求「共同成長」的持續性策略。CJ 不是無計畫地增加韓國內容供給量，而是要通過全球化戰略提高文化內容水準，從根本上培植市場規模與體力的「雙贏路線圖」。

在越南的第一部合作電視劇《永遠年輕》（*Tuổi Thanh Xuân*）很好地反映出 CJ 的意圖。這部電視劇成功拿下同時段節目收視冠軍，與其說是偶然的幸運，應該說是 CJ 考慮到越南市場的可能性，不止歇的腳步而創造的成果。CJ 從電影《快遞驚魂》（퀵）開始經營越南電影直接發行事業，不斷地擴張當地大眾文化界人力與關係網。2013 年，CJ 和越南國營電視台 VTV 締結電視劇共同製作夥伴關係，替擴張電視內容本土化事業打下根基，其結果物就是《永遠年輕》。

除此之外，泰國是有希望成為第二個越南的潛力股。隨著韓國 tvN 電視台戲劇《急診男女》（응급남녀）和韓綜《Let 美人》

等節目的出口，帶旺人氣，也增加了雙方交流。CJ ENM以此為契機，在四月底與泰國第一綜合傳媒事業「TrueVisions」，簽訂關於設立媒體內容合作法人的諒解備忘錄（MOU）。雙方在2016年成立合作法人，將CJ ENM內容企劃與製作力量，與TrueVisions的本土行銷技巧結合，在泰國製作本土化媒體內容，並計劃推進廣告事業。

CJ ENM的全球營業額比重目前為20％，CJ計劃2020年提高全球比重，與韓國本土呈七比三。換言之，CJ計劃打造大部分的利潤收入來自海外事業的真正全球化企業。在CJ朝這個野心勃勃的目標前進的旅程中，多方面積極推進共同製作項目，包含電影、電視劇與綜藝等等，可預見這些項目會成為CJ的高效工具。初期，CJ主要派韓國工作人員參加當地項目（「共同製作1.0」），逐漸變為改編韓國熱門作品，用加工的方式企劃當地本土化內容（「共同製作2.0」），而今進化成「共同製作3.0」階段，主要是結合雙方所長，製作符合當地市場的原創內容。

有分析認為，韓流也進入了3.0時代。韓劇《大長今》引領的韓流1.0、K-POP引領的韓流2.0，到現在的韓流3.0──韓影、韓綜、韓國遊戲、韓國動畫角色、韓國飲食文化等全方位內容，跨出了中華圈，擴散到地球村各處。然而，一個國家的文化熱潮想持久待在其他的文化圈中，絕非易事，誰也說不準韓流會不會

只是曇花一現的現象。別忘了，在 1980 年代，一度虜獲韓國大眾的心的香港電影的全盛時期撐不過一個世代。

問題在於韓國文化產業的飛躍，和韓流 3.0 創意性進化的互相配合。假如要讓 K- 內容奠定全球文化軸心的地位，那麼即便不特別加上表明國籍的「K」修飾詞，也要能自然而然地展現韓國固有文化，從而融合到各種社會中。所以，CJ 認為與其強行追求韓國特色，摸索和當地文化的溝通與融合方法會更好。這就是 CJ 全球化內容戰略有說服力的原因。[20]

1　「創作產業的核心是智財權……占據英國出口額10%」，《韓國經濟》（한국경），2013年3月11日網路報導

2　據稱英國首相邱吉爾曾說過：「英國寧可失去印度，也不能失去莎士比亞。」

3　「電影《哈利波特》的國籍是英國還是美國？」，《Edaily》，2014年4月22日報導

4　《倫敦標準晚報》（Evening Standard），尼克・羅迪克（Nick Roddick）

5　《全球文化戰爭》（MAINSTREAM），弗雷德瑞克・馬泰爾著

6　全球文化內容市場規模為1兆9000億美元（折合台幣約52兆元），同年手機市場規模為4000億美元（折合台幣約11兆元）。參考122頁「文化內容產業全球市場規模」圖表

7　《全球文化戰爭》（MAINSTREAM），弗雷德瑞克・馬泰爾著

8　〈中國錢與好萊塢〉，《韓國電影》62期，朴希成（音譯）

9　〈韓中電視合作會發展到哪裡？〉《韓國電影》62期，高京碩（音譯）

10　指「韓劇」。在韓國會用「K」結合某個詞彙，以代表韓國本土商品

11　〈處理韓流電視劇緊急煞車的對策〉，《亞洲經濟》，2014年10月19日報導

12　〈布魯金斯研究所，新興國家政權不滿足人民對政治的期待，於是群起反抗〉，2013年7月2日報導

13　〈2014年韓國電影產業結算〉，韓國電影振興委員會

14　CJ ENM是電影、電視等部門拓展全球事業的主體，在本章中通稱CJ

15　指狗血的設定，老套的故事劇情

16 《分手合約》改編自吳基桓導演2001年執導的韓國演員李英愛主演電影《禮物》（선물）

17 〈中年導演們，走向中國……〉，《東亞日報》，2014年5月22日報導

18 在此之前，韓越合資電影《Để Mai tính 2》在2015年1月創下越南票房冠軍記錄

19、20 〈DBR Case Study: CJ ENM 全球化策略戰略〉，《東亞商業評論》（DBR）202期，2016年6月報導

不是觀眾，是超級粉絲
Made in tvN

「對於給予最大喜愛的消費者，
企業往往會還諸更大的愛，藉此繁盛。」
——《哈佛商業評論韓國版》（*Harvard Business Review Korea*）

Background Story
火熱的週五夜晚

　　星期一二三四「應八」日，這是網友們數著電視劇播出的日子而常用的詞語。tvN 電視劇《請回答 1988》（응답하라 1988）把 2015 年冬天渲染上 1980 年代懷舊色彩，又稱「應八」[1]，於每週五、六播出。開啟有線電視台新紀元的《請回答 1997》（응답하라 1997），和《請回答 1994》（응답하라 1994）。兩部電視劇分別簡稱「應七」與「應四」。當《請回答 1988》接在前兩部系列後面播出時，打破了「拍前作就夠了吧」的疑慮，僅播出五集收視率就突破 10%，引發「應八病」。《請回答 1988》描述首爾道峰區雙門洞小巷中的五個家庭的故事。前作描述的是年輕主角們的愛情故事，而《請回答 1988》則聚焦於家人與鄰居的愉快感和溫暖的友愛。「應八」創下三連打全壘打記錄，進而被稱為「國民電視劇」，獲得了電視劇能得到的最佳讚美詞。

多虧「應八症候群」，滿大街播放著《青春》、《少女》、《請你不要擔心》和《惠化洞》一票 20 多年前的老歌，甚而誘發老歌攻佔音源排行榜的現象。人們被勾起懷舊情感，過去經濟雖不富裕，但左鄰右舍會分享食物，熟到連鄰居家有幾支湯匙都知道。今時今日，溫暖乾涸。從這個時代的悲傷自畫像來看，人們自嘲「《請回答 1988》是一部『不是幻想的幻想電視劇』」。「應四」和「應七」掀起一股復古風潮，過去流行過的時尚、歌曲等再度走紅。不過 5、60 歲的人對「應四」和「應七」無感，反而是「應八」喚起人們遺忘的，淒婉又珍貴的「情」，爆發出貫通所有世代的力量，激發大眾週五晚上的回家追劇本能。

週五夜的火熱在《請回答 1988》結束後也不曾退散。這是因為緊接在電視劇結束後晚上 9 點 45 分播出的綜藝節目《一日三餐：漁村篇 2》，還有 tvN 海外旅行實境綜藝《花樣青春：冰島篇》所致。tvN 有牢靠的品牌力量的綜藝節目作後盾，大多數觀眾就算電視劇結束後，也會繼續「鎖定頻道」。從 2014 年冬天起播放的《一日三餐》系列綜藝節目擁有忠實粉絲群。該節目是呈現典型的「都市男」們到了靜謐的江原道偏遠山村，用菜園農作物親自下廚解決三餐，並且用笨拙的手藝招待客人的日常型綜藝。不過，當初《一日三餐：旌善篇》預告播出時，不少人擔心「會不會很無聊」。這個平凡無奇的綜藝出人意料地創下近 10% 收視率，後續又撥出了演員車勝元和柳海真在偏僻的晚才島

「打發一餐」的《漁村篇》。《一日三餐》不知不覺之間成為了觀眾「相信而收看」的收視率保證，奠定了其品牌地位。電視劇需要高度專注才能融入劇情，不過有很多人縱使不看電視劇也會定時收看《一日三餐》，沒有壓力地享受「緩慢的美學」。用標榜「有機農自給自足的實境綜藝」的「療癒型綜藝」，安慰被電視劇逼出的「心酸」情緒，tvN 安排電視劇與綜藝前腳接後腳地的接力播出方式，相當出色。

電視劇和綜藝節目大獲成功，成功到在廣播電視界時常聽見「tvN 接手了週五夜晚」的話。其實，這不是第一次發生這種現象了。讓我們稍微回顧過去吧。星期一二三四「未生」日，2014 年秋冬有著相似的風景。改編自尹胎鎬漫畫家的人氣網漫，每週五、六播出的 tvN 20 集電視劇《未生》一箭三鵰，射下了話題性、作品性和收視率。《未生》描寫主角張克萊在貿易公司的職場生活。張克萊終其一生都在學圍棋，在職業棋士入門門檻上絆倒後，挫折逃跑。沒有像樣「履歷」的張克萊向新世界發出新戰帖。《未生》十分貼近「88 萬世代」[2]的悲哀與薪水族的悲歡現實，獲得觀眾熱烈迴響，引發「未生症候群」。

2014 年 10 月中旬，眼看要迎來電視劇首播，《未生》[3]的處境卻正如其名。不知道是不是因為在電視劇播出前，背負著原著漫畫 90 多萬銷量的重擔，大眾帶著愛理不理，覺得「改編網漫的電視劇幾乎沒好看的」的疑心視線等看播出。

首集收視率 1.7%，[4] 以有線電視台電視劇為準，算是好的起步。不過從首播當晚開始，社群網站就湧出了許多「未生」話題。「忠於原著，而且增加了角色人設立體感，實現了戲劇性的緊張感」、「超乎期待」等，連聲稱讚。結果，《未生》打出名聲，讓無數的薪水族拒絕「火熱星期五」夜晚尋歡作樂時間，自動自發地回家，動員智慧型手機和平板電腦等數位設備，無論如何都要準時收看。《未生》收視率也得到迴響，第七集收視率突破 5%，第 20 集收視率 8.4%（最高收視率 10.3%）。接著《未生》之後播出的《一日三餐》，無疑地延續了「火熱星期五」的熱氣。

接著，讓我們再回到 2013 年年末吧。當時有「請回答」系列和「花樣」系列的菁英組合。「應四」比前作「應七」更有人氣，令星期五夜晚升溫，緊接著播出的「花樣」系列的女演員版《花樣姐姐》點綴了華麗的夜晚。tvN 每個節目都裝備上足以威脅地上波電視台 [5] 的品牌力量。在 tvN 成立「火熱星期五軍團」後，部分媒體評價道：「Made in tvN 的時代開啟了。」

引發「關注」吧

tvN 連續三年高歌「年末雙人氣」，它的大活躍與地上波電視台整體收視率低靡不振的趨勢相吻合，顯得更加耀眼。這不只是週五夜晚才有的特定現象。不知從何時開始，除了部分電視劇

與綜藝節目外，tvN勉強達到收視率兩位數的作品也被視為「準熱門作品」，令地上波電視台顏面掃地。相反地，tvN與綜編[6]強者「JTBC」等部分非地上波的電視台，不分電視劇、綜藝和時事節目等，全方位生產內容必殺技。所謂的內容必殺技不是僅憑收視率就能決定的。

人們的休閒娛樂變得多采多姿，通過各種行動裝置和服務，大家隨時隨地都能看自己想看的內容，也就是所謂的「N螢幕」時代。媒體專家們異口同聲表示，坐在電視機前托著下巴死守首播的「首播死守族」的減少是正常現象，就連廣告商把收視率作為買廣告標準的時代也結束了。

關鍵是「關注」（Attention）。在媒體環境的變化造成的頻道過剩與內容洪流中，電視台要持續引起觀眾充滿愛意的關注越來越困難。在這種背景下，電視台不靠刺激的一次性話題，而是創造大眾文化趨勢，有時是能引發熱烈關心的嚴肅話題，換言之，「有意義」能引發話題的內容才會被認可是真正的贏家。《未生》沒能奪下電視劇收視率冠軍寶座，也沒有達到兩位數收視率，但它憑藉話題性、關注度和投入度的綜合內容力量，占有壓倒性的優勢。觀眾投入度隨著劇情的發展增加，還有它造成的漣漪效應，如：幫助電視劇隨選視訊（VOD）的熱賣；原著漫畫累積銷量突破200萬本；配角演員也受到關注，堂堂正正地接拍廣告等等，都展現了良性循環的附加價值。時隔六年，「應

八」（第 20 集 19.6%）最後一集收視率超越有線電視台史上最高收視率的韓國音樂選秀節目《SUPER STAR K 2》，在所有 2015 年的電視節目中展現了最強大的內容力量[7]，同時創下電視劇原聲帶橫掃音源收益，VOD 每週銷售額 5 億韓元（折合台幣約 1100 萬元），中間廣告單價首次超過地上波電視台廣告費等各種記錄。

不過，擁有長壽內容、人氣內容和優質內容的地上波電視台力量依舊強大。地上波廣播電視節目的危機屢次被提及，是因為在「關注經濟」（Attention Economy）方面，地上波電視台不像過去一樣搶先推出新內容，甚至網友們還討論「如果《未生》是地上波電視台的電視劇會怎樣？」因而創造出許多才華洋溢的劇本，像是：隨著家庭的秘密被揭開，主角張克萊被查出是社長的私生子，回頭向罷凌自己的上司痛快地復仇的典型辛度瑞拉故事；又或是毫無邏輯可言的多角關係愛情線；「起承轉愛」[8] 架構的狗血劇情等等。地上波節目的自尊心從未如此受損過。

在三、四年前還無法想像這種變化，就連 tvN 內部大多數的人也認為達到地上波電視台的地位是個「遙遠的夢」。在從 1995 年開始韓國有線電視台的短暫歷史中，tvN 也是一個非常年輕的品牌。CJ 從 1997 年由音樂專門頻道「Mnet」首次躍身廣播電視業，把電影的成長前景拓展到全方面的影像媒體產業，在 2006 年正式催生娛樂頻道「tvN」。

雖然當時有線電視台已經登場 10 多年，但多是重播國外人氣節目或大量生產低品質的節目，收視率停滯不前，腳步逐漸變慢。除了 Mnet 之外，CJ 集團還擁有多個電視頻道。[9]有人建議，為了改變市場，CJ 需要針對不同觀眾群的節目內容。

　　tvN 打著「培養引領趨勢的『2049 世代』（20 多歲到 40 多歲的年齡層）[10]的第四個地上波電視台」口號，野心勃勃地開台。這並不是 tvN 要仿效地上波電視台之意，而是要培養出能與地上波電視台匹敵的強大力量，並且「只有 tvN 才辦得到的」全新內容是重要關鍵。

　　人們對 tvN 的節目並非毫無反應，像是《犯罪的重構》、《醜聞》等節目均成功引發話題。在有線電視台的平台限制下，tvN 以「醒目」為主要目標，卻造成節目走向「下猛藥」的刺激基調。縱使節目收視率還算不錯，卻失去了觀眾好感度，本就處於緩慢成長趨勢的廣告營業額也在某個瞬間停滯不動。這是因為 tvN 節目內容過於刺激，觀眾也許會想收看，但只能一人觀賞，不適合和親朋好友共享。面對這種情形，tvN 不得不回頭認真思考節目的本質。

　　只有新鮮感才是答案嗎？不受觀眾喜愛的新鮮感有意義嗎？tvN 得出的結論是：「無法獲得觀眾共識與支持的新鮮內容反而是毒素。」不過，tvN 不打算放棄能與地上坡電視台作出差別化的「不同的美學」。tvN 對節目的本質的思考如下：

「不能一味追求新鮮感，
追求『讓人們不得不愛的新鮮感』吧。」

第四個致勝關鍵

不是觀眾，
是超級粉絲

　　超級粉絲（Super Fan），也就是忠誠度高的熱情觀眾，對節目不會看過就算了，而會一直投以充滿愛意的視線。借用國際知名品牌專家凱文・羅伯特（Kevin Roberts）愛用的表達方式，tvN 要打造一個會貫通消費者心臟，令消費者刻骨銘心的「至愛品牌」（Love mark）。[11]

　　要成為一個人們願意被烙印的至愛品牌不容易。人類經驗多次證明被愛有多麼不容易，對「新手」品牌來說，更是難上加難。這跟點擊一下滑鼠，購入自己愛牌番茄醬的消費行為不同，在要爭取某人願意付出寶貴時間的「時間占有率」的傳媒領域更是如此。雪上加霜的是，電視和電影不同。人們會抱著目的主動進電

影院看電影，可是在隨時都能轉台的電視環境裡，一個電視台要擠進到處揮手招客的各種內容之間，替觀眾烙印下至愛品牌的成功機率可想而知，大概跟單戀成功率差不多。再者，當時 tvN 的家庭收視率為 0.2%～ 0.3%，只是一個不好不壞的「不起眼」存在。

要獲得對方的心，需要真摯大膽的告白，但不顧一切，盲目前進，有可能會失手。tvN 必須先打下節目本質的穩固根基。tvN 的單戀對象是 2049 觀眾，那麼真正能吸引 2049 觀眾的興趣，傾注愛意的新內容的共同分母會是什麼？tvN 節目有沒有能吸引他們目光的主題？如果「答案」是「No」的話，那原因是什麼呢？tvN 像這樣子不斷地自我提問，最後在 2008 年大規模重新整頓頻道。

2049，進入他們的心

tvN 最先做的是，配合單戀對象 2049 目標觀眾群的喜好，整理出「不該做的」（Don'ts）和「該做的」（Do's）。如果把目前為止所有 tvN 節目涉及的內容性質分類，分類標準大概就是「有趣」和「刺激性」。tvN 要得到愛就得「有趣」（Interesting），但「不能過於刺激」（Not too Provocative）。按此標準，tvN 節目大刀闊斧地砍掉「過於無趣或刺激」的節目，即使是創造了穩定的收視率的節目也一樣，《大法師》、《犯罪的重構》與《醜聞》等節目被全面廢除。

在 tvN 果敢「拋棄」不適當的節目之後，接著，tvN 在「該做的」和「有趣，但不過分刺激」的交集框架下，重新選出能抓住 2030（20 多歲到 30 多歲的年齡層）潮流中心者們的心的關鍵詞。tvN 列出了四大關鍵詞：令人興奮的（Exciting）、主導技術和趨勢（Leading）、最創新的（Cutting-edge）及產生共鳴的（Empathetic）。

tvN 的 Do's & Don'ts

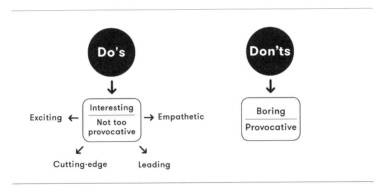

「如果我們想朝希望的方向徹底地確立 tvN 的本質，即使不能滿足所有條件，至少要做到四個關鍵詞中的三個。內容企畫、製作不用多說，這些要素也能套用到行銷和經營上。」2008年，加入 tvN，主導戰略轉換的 CJ ENM 廣播電視內容部門負責人說明道。美國 HBO 建立明確的本質和清楚的目標觀眾群，

培養出超級粉絲，被定位成優質頻道的事例，讓 tvN 更進一步地確信這件事。

開啟優質有線電視時代的 HBO

「這不是電視，是 HBO ！」（It's note TV. It's HBO!）在傳媒娛樂領域，擁有包括 CNN、時代、華納兄弟等的傑出品牌的華納集團，其子公司是有線電視行業的優質頻道。以美國影集《慾望城市》（*Sex and the City*）為首，《人在江湖》（*The Sopranos*）和《六呎風雲》（*Six Feet Under*），是引領從 1990 年代中期到 2000 年代中期的 HBO 最華麗的全盛期的三大「超級內容」（Super contents）。《慾望城市》以紐約為背景，描述四名女性自由地討論性與戀愛故事而引起反響；《人在江湖》是獲得「最佳傑作」美譽的犯罪影集；《六呎風雲》則是以死亡為主題的黑色喜劇。所謂的「3S」幾乎征服了全世界，受到廣大觀眾喜愛的《慾望城市》在 2004 年結束了長達五年的大長征，HBO 在艾美獎頒獎典禮上足足拉拔出 124 名得獎候補人，橫掃 32 項獎項，盡情地炫耀品牌力量。[12]

雖說 HBO 的成功背後有傳媒集團雄厚的資金，不過，也有領先大眾文化潮流的領導者們瞄準了受眾群，推動專注樂趣和完成度兼備的節目的「戰略」作為支撐。「真的不一樣嗎？有實

現重要的事物嗎？有沒有深刻地承載人類過往經驗？」《發明未來的企業》（*Mavericks at work*）一書分析 HBO 的內容顛覆傳統觀念，甚至強烈影響到 21 世紀初期人們討論大眾文化的對話內容，HBO 能辦到這一點，是因為它有明確的目標與願景作後盾。多虧如此，在美國只有四分之一的家庭擁有電視機，HBO 卻能成為觀眾忠誠度最高的頻道（舉例來說，《慾望城市》養成的死忠粉多到足以讓它推出電影版）。擁有強大的粉絲基礎，令 HBO 得以實踐連無線電視台都很難夢想的「我們賣的不是廣告，是節目」。[13]

---

　　tvN 開始製作符合 tvN 形象的節目。其開端是電視劇紀錄片《沒禮貌的英愛小姐》（막돼먹은 영애씨）。主角英愛和常見的電視劇女主角形象不同，是一個嫁不掉又討人厭的平凡胖小姐，劇情描述英愛的職場生活與戀愛故事。「說的根本就是我的故事」獲得了 20 多歲到 30 多歲的女性觀眾熱烈支持。英愛小姐出現了熱血粉絲。自認為「我很潮」的女性，一碰到「英愛小姐播出的日子」就會提早回家追劇，隔天和朋友或同事討論劇情內容。tvN 就這樣建立起「沒英愛」（《沒禮貌的英愛小姐》的簡稱）的品牌。

　　2009 年，替喜劇增添戲劇性的《雲霄飛車：男女生活大不

同》（롤러코스터 – 남녀탐구생활）帶起了「大不同熱潮」、「雲飛熱潮」。以日常生活為素材，又不會太過不合情理，獲得了「很新鮮」的好評。而徐慧貞（音譯）配音員枯燥無味的旁白，讓人聯想起紀錄片語氣或機器音，替節目增添意外的色彩，也是魅力要素之一。

這些成功作品培養出 tvN 預測媒體內容發展方向的慧眼，意義重大。《雲霄飛車》揭示了融合型內容的模範事例，《沒禮貌的英愛小姐》則是打破現有紀錄片框架的「創造性破壞」（Creative Destruction）事例。紀錄片通常是關於歷史、環境等偏沈重的主題或事件。《沒禮貌的英愛小姐》則是採取強調紀實感的紀錄片形式，並在適當的地方添加喜劇元素，創意地打破現有紀錄片形式。它利用專拍紀錄片的 6mm 攝影機，採用觀察手法拍攝，變成不失細節又無厘頭的喜劇組合，產生綜效。[14]

打破界限：他們齊聚 CJ ENM 的理由

創造性破壞帶來人才框架的果敢消失。CJ 想藉由 tvN 頻道獲得觀眾喜愛，就必須能提供觀眾喜愛的內容創意人士自由玩樂又具有彈性的平台。如果說電影是以更龐大、精細的系統與規模完成的創作產物，相對而言，廣播電視是更能發揮小規模創意軍團凝聚力的領域。CJ 在善用明星製作人（PD）和節目編劇上採取用人適才的方式，只要人才和內容的「八字」相合，無論是綜

藝或電視劇，都支持他們不用刻意拘泥，放膽「打破界限」。雖然這可以看成是 CJ 對從地上波電視台節目跳槽而來的明星內容創造者的禮遇，不過如果想讓他們盡情揮灑個人創意，CJ 認為不該用某種框架設限他們也是理所當然的。從內容創意者的立場來看，CJ 真正魅力之處在於，能提供自己自由自在進行全新嘗試的環境，而不是身為明星製作人能享受的物質獎勵待遇。2011 年 3 月，CJ 把分散在集團中的傳媒子公司合併成為名為「CJ E&M」（2018 年更名為「CJ ENM」）的綜合內容企業，進一步發散魅力。

「我不是因為 tvN，而是因為看到 CJ ENM 的遠大藍圖才離職的，包含了電視、電影、導演、音樂和電競等所有內容事業領域，特別有魅力。」

—— CJ ENM 媒體 tvN 本部李明翰（音譯）本部長

李明翰過去是負責 KBS 電視台週末綜藝《男人的資格》、《兩天一夜》的明星製作人。他表示：「CJ ENM 的工作靈活性會成為很優秀的後盾，加上他們願意嘗試新挑戰。這種的製作環境是讓我離開 KBS 的主因。」在李明翰本部長離職後，過去和他在 KBS 搭檔，被稱為「夢幻四人組」的其他三人——羅暎錫製作人、申元浩製作人與李祐汀節目編劇，也陸續地跳槽到

CJ ENM。[15]2014 年年初，《兩天一夜》的申孝靜（音譯）製作人也離職到 CJ ENM。

「CJ 的組織文化寬容對待全新的嘗試，讓我們擁有選擇節目素材的自主性。還有，在一個節目收播後，CJ 會留給我們兩個月的時間蒐集創意，季度性制度的節目編排很靈活，如果新節目發展得不順利，我們大可果敢放棄。這種自由環境是 CJ ENM 的一大優點。」

—— CJ ENM 媒體企畫製作一局羅暎錫製作人

申元浩作為 KBS 人氣綜藝《男人的資格》的製作人，度過充實的職場生涯，而他的電視劇挑戰記可以看成是組織文化的體現物。如果申製作人繼續留在 KBS，那麼有線電視台前所未有的熱門作品「請回答」系列將很難與世人見面。李祐汀節目編劇的情況也一樣。她過去是專門負責綜藝節目編劇，靠 2012 年《請回答 1997》一腳踏入電視劇領域。這是當時很有意思的「事件」。tvN 果敢地任用了在電視劇領域的新手製作人和編劇。另外，高民九（音譯）製作人也在 2014 年年初從 KBS 離開到 CJ ENM。爾後在各種料理綜藝節目氾濫之際，他提出新穎的點子，讓料理專家白種元和四個「不會做菜」的男人一起解決一頓飯。出自高民九製作人點子的《家常飯白老師》獲得令人刮目相看的

人氣。

造就「應七」神話的靈活性

《請回答 1997》原本是計畫每週播出一集，共四集的試播節目。不過製作組覺得時數太少，於是拉出了八集架構的企畫，靠著「可愛小花招」──一集裡塞入兩個小故事，最終《請回答 1997》被定為 16 集規格的電視劇。

tvN 的靈活性產生了新鮮的協同效應。《請回答 1997》體現了製作組過去快速產出綜藝節目的經驗，在適合的地方加入誘發觀眾笑聲的笑點也熠熠發光，每一集都是「反轉結局」，讓人到最後都無法移開視線。製作組導入扯住觀眾的緊張感與好奇心的綜藝式後製方式取得成效。製作組在採訪中解釋：「我們刻意把故事節奏安排得很緊湊，讓觀眾追劇追到不敢去上廁所，我們想把它打造成一部有趣的電視劇。」[16]

不是每個人都能成功轉型，但有時某人的變身會帶來或大或小的革新，因此，就算不是每次都能成功，tvN 也鼓勵員工不斷地進行全新嘗試，讚美與開放的領導力和靈活的組織文化相當重要。tvN 在《未生》一播完立刻推出兩集規格的惡搞短劇《微生物》（미생물）（韓文音同「未生物」）。《微生物》也是實驗

性文化的產物。即使是「小實驗」的舞台，但 tvN 願意替過去不是地上波電視台明星製作人，只是後起之秀的白勝龍（音譯）製作人[17] 準備挑戰的場合。這種嘗試非常有意義也相當聰明。首先，tvN 讓白製作人負責自己平常最喜歡的模仿電視劇題材，不會造成他的壓力。同時《微生物》作為 tvN 首度嘗試的模仿綜藝型短劇，一定有人喜歡，有人不喜歡，tvN 邊確認觀眾對這種特色內容的需求，邊確保了粉絲群。同時，tvN 也能藉此分析無法創造出更多的粉絲的原因。

另外，搞笑藝人安勇真（音譯）、姜唯美（音譯）通過《SNL Korea》以綜藝編劇的身分出道，以及電視節目編劇柳炳宰在《SNL Korea》的「極限職業：經紀人篇」與「今天開始上班」中，被當成「作家搞笑藝人」的模樣，也是 tvN 靈活運用人才的事例。只要有能力，就支援讓人才一展長才的快速成功之路（Fast track），CJ 集團有彈性的組織文化同樣適用於一起工作的員工。

CJ 對挑戰的寬大，不代表缺乏競爭或競爭不足，相反地，和人人都享有平等待遇的組織相比，CJ 內部的競爭也許更加激烈。只不過比起個人與個人，或部門與部門之間的競爭，CJ 是聚焦在內容本身的競爭力。CJ 一定程度地擺脫現有的領域鬥爭，與部門之間利己主義等各種會妨礙改革的因素，用別出心裁的創意內容引領潮流。在這個過程中，CJ 打破了許多限制，自然地轉型，實現了才能多元化。

「比我更聰明的我們」，開創集體創作文化

在這裡，我們不能忽略「自然」這個因素。這是打著追求劃時代革新的名堂，強迫人為性地打破界限，或是在過分自由的氣氛中恣意妄為，最後有可能會產出難吃又沒特色的「海鮮炸醬雙拼麵」（辣海鮮麵加炸醬麵的組合）。創意性媒體內容的製作關鍵是，每個人都做得好的同時，營造出能自由做自己想做的事的開放氛圍，將孕育出的想法為中心，自然而然地發揮集體智慧。

「相較一個天才提出閃亮的意見，培植一個能讓小創意繼續成長的創意型組織極其重要。」[18] 正如皮克斯的 CEO 艾德文・卡特姆（Edwin Catmull）所說，光憑極少數的天才無法長期延續企業層面的創新性。需要有眾多實力堅強的內容創造者合力才行。更重要的是，他們要能一起奔跑。tvN 致力打造只要有好點子，眾人一起超越題材限制，合力驗證點子的挑戰文化。從 tvN 創始期就長久同行的宋昌儀（音譯）前本部長認為優秀的內容創意者的條件有：1. 果敢打破現有障壁，擁有能讓專屬自己的內容閃耀的創意力量 2. 對待工作如「瘋子」一樣有熱情 3. 洞悉「人際關係」的概念。

最後一個條件貼合了集體創作的綜效。重視「人們」的環境會自然產出優質節目。與此同時，也蘊含著投資邏輯的重要訊息。繼收視率之後，tvN 該以此為基礎，更加積極投資創作者的

綜效，

　　這世上一定存在少數的能力者。這些人負責能實現內容的組織——即，以「人」為核心來源的文化產業領域的重要資源。不過，在大部分的情況下，個人的才能是有限的。有力量的明星內容創造者光是存在就能發散品牌力量，替項目提供深度與安定感。然而，每次增加內容本身的競爭力時，會碰到困境，天經地義。在高度的「融・複」時代（合成語，指某事物相互融合、複合以實現更高的效能）更是如此。再者，從組織的角度來看，組織要時時刻刻考慮出色人才跳槽到其他組織的可能性，不能掉以輕心。因此，在集體層面上創造協同效應的同時，組織建構能長久栽培新人才，使其能以明星內容創造者的身分穩健出道的文化體系相當重要。

　　在「花樣」系列或「一日三餐」系列中，tvN 摸索才能的綜效，培養人力資源。表面上有名為「羅暎錫」的卓越品牌在撐著，不過在背後，羅暎錫正在朝後輩們能共同分擔創作壓力和大眾聚光燈的合作機制努力著。實際上，羅暎錫製作人組織了兩個團隊，一個是一起負責《花樣青春》製作的申孝靜製作人，另一個是一起負責《一日三餐》的朴慧妍（音譯）製作人。

　　「我能和有才華的後輩們一起工作、成長，這一點是我到 tvN 之後最開心的地方。我想培養年輕人的欲望和熱情。」

—— CJ ENM 媒體企畫製作一局羅暎錫製作人

羅暎錫一邊建造「合作中的分工」系統，一邊創出用共生導向的心態刺激內容的實際成效，無論是創造矛盾的動態性遊戲，或是缺少惡搞，乍看之下很無趣的《一日三餐》，自從 2014 年 10 月首播以來，羅暎錫朝成功奔跑的細節力量（剪輯、字幕和背景配樂等）起到了很大的作用。相較羅暎錫製作人的前作，這些節目的字幕編輯融入了共同製作人們的手藝，變得更加細緻。機智風趣的字幕盡到了配角功勞（羅製作人表示年輕的導演們真的非常機智，自己絕對不會插手字幕）。在品牌化成功節目的強大屏障下，內容創意者前輩與後輩毫無顧忌地交流，激發靈感，進行各式各樣實驗，這樣的情景正在 tvN 的製作現場展開。

Case Study
把限制化為機會，tvN品牌故事

　　不知不覺之間，tvN 從單戀觀眾的處境，變成了擁有「值得信賴而收看的頻道」修飾詞，廣受大眾喜愛的品牌。地上波電視台流言四起，說在推出新節目時，比起觀眾的反應，更在意tvN。[19]tvN 能獲得大眾的信賴與好感的原動力是「強烈的品牌化」。其實，品牌化策略是每個組織都致力的行銷手法。包括有線與綜編等的非地上波電視台，大家都奮力前行，不分你我地動用各種行銷手段，像是標誌、標語和活動等，更加積極地推動行銷活動。

　　不過，即使頻道變多，電視台的品牌行銷變得活躍，觀眾的心也沒因此而動搖，仍然只看自己信任的頻道。從屬性上來看，因為電視產業是很難光靠標誌或標語誘發感性的內容領域，所以也很難推動品牌化[20]。無數的節目起落浮沈，難以展現頻道的一貫形象和特色。

最終，電視產業品牌化走向了擁有「殺手內容」的招牌節目（Branded Programs）。電視台得出的結論是，只有出現幾個能確保「持續可能性」長壽內容，頻道品牌化才能成功，就像沒有名為「喬丹」（Jorden）的熱門商品，耐吉（Nike）品牌就不可能成功一樣，電視台得先進行節目品牌化，才能展開頻道品牌化。同理，這也是為什麼地上波電視台縱使風光不如當年，仍享有不容忽視的品牌形象。品牌形象是以悠久歷史為基礎，競爭力與生命力兼備的內容點綴而成的資產。MBC 電視台靠早期的《星期六！星期六是樂趣》、《星期日，在星期日的夜晚》等綜藝節目，到近期金英熙（音譯）製作人製作的《我是歌手》、金泰浩製作人製作的《無限挑戰》的獨創節目，擁有 MBC 品牌化擁有相當可觀的股份。它們一手打造出的「綜藝節目當屬 MBC」的形象仍舊生效，

不過相對於長時間耕耘的 MBC，也有在短時間激起觀眾內心波濤的主人公，tvN 和 JTBC 就是代表選手。如今韓國大眾的認知逐漸成形，認為電視劇、旅行、戶外真人實境秀的綜藝就得看 tvN（JTBC 則部屬了由新聞界代表人物孫石熙主播領軍的《News Room》、談話性綜藝節目《非首腦會談》和《舌戰》等節目）。

雖然電視台邀請了聲名顯赫的明星內容創作者，但並非沒有侷限。不，應該說是有眾多限制。才能出眾的明星內容創作者第

一次來到有線電視台節目，收到收視率表後而受到打擊或悔不當初的事情，多不勝數。沒有品牌力量的平台在許多方面天生有很多限制，阻礙了前路。在這種受限的環境中，tvN 擅於把握良機，企劃殺手內容，實現頻道品牌化的大業。從這一點看來，我們確實有關注 tvN 的必要。把「限制當成機會」聽來老套，不過在擊裂如銅牆鐵壁般的地上波電視台「Made in tvN」一詞崛起的過程中，這句話是最精鍊的表達。

把限制視為抓住目標觀眾群，收獲死忠粉的機會

2049 世代年齡層是 tvN 的主要目標觀眾群，也是大多數有線電視台瞄準的目標。不過由於非特定多數的誘惑大，所以經常發生電視台為了抓住形形色色的客戶而偏離原定路線，錯過真正目標。相反地，tvN 從 2000 年下半年開始確立自身本質，從而縮減目標群。廣泛而言，tvN 目標觀眾群為 2049 世代，但實際上 tvN 的焦點是 2030 世代。tvN 選擇節目題材的範圍因此變大，從而擺脫了節目題材的限制，不用像地上波電視台一樣，得準備男女老少都會產生共鳴的如綜合大禮包般的節目。tvN 只需要小心節目不要過於刺激性，任何喜歡的題材都能拿來製作節目，也不用特意遵循地上波電視台框架下的票房公式，像是錯綜複雜的愛情線，和三不五時登場的白馬王子和灰姑娘等等（一般而言，雖說地上波電視台有審議等限制因素，不過「狗血」劇情過度頻

繁登場，到底什麼是「大眾化」、什麼是「刺激性」的內容，標準看來模稜兩可。相對地，在 tvN 的節目中很難找到刺激性素材或內容）。tvN 命中 2030 世代「喜好」的成功率越來越高。

「其實與實際年齡無關。5、60 歲的人也能享受 2030 喜歡的東西。重要的是，我們針對我們設定的目標觀眾群，帶著實際性和真誠性去製作符合其感覺的內容。我們用專屬於我們的色彩去虜獲 2030 世代觀眾的心，如果其他觀眾層也喜歡我們的色彩，我們認為那值得慶幸，是附贈的禮物。」

—— CJ ENM 媒體內容部門李德宰（音譯）常務

也許有人會認為這種創造死忠粉策略，也許只能建立少數「有信仰的客戶」（Cult customer）。不過，我們需要關注一下 HBO 的事例。HBO 一開始制定的目標觀眾群是 18 歲到 34 歲的高學歷男性。[20] 超級粉絲策略的核心是創造需求的慧眼，得尋找出極端的觀眾群。如果只關注普遍消費者，很有可能只是再次確認已知事實，而無法得知驚人的新消息。[21] 尤其是殺手內容。在社群時代，殺手內容被熱血粉絲群關注，通過超級粉絲之間的口耳相傳，造成加速的「滾雪球效應」（Snowball Effect），最終能成為大眾暢銷商品。從《沒禮貌的英愛小姐》、《Nine：九回時間旅行》（나인：아흡번의 시간여행）《請回答 1997》

等電視劇建立下來的超級粉絲，到了「請回答」系列和《未生》給予更加爆炸性的支持。tvN 靠著超級粉絲，用驚人的速度，充滿力量地敲開了更廣大的觀眾群的心房。《未生》播放初期，僅獲得了 tvN 的 2030 世代超級粉絲的迴響，最後卻受到所有世代的喜愛。另外，過去 tvN 月火劇（週一、二播出）和金土劇（週五、六播出）的處境不同，過去 tvN 月火劇縱使虜獲少數粉絲的心，也從沒受過「主流」待遇。然而，開啟 tvN 月火劇新篇章的《奶酪陷阱》（치즈인 더 트랩），證實了對 tvN 有愛又充滿信任的超級粉絲層變寬的事實。《奶酪陷阱》以「浪漫驚悚」的新穎類型，成為 2016 年年初的亮點，不僅虜獲了大多數的原著漫畫粉絲層的 1020 世代，也引起 3040 世代觀眾的關注。儘管有過爭議，不過《奶酪陷阱》確實同時確保了收視率和關注度。

在預算和選角的限制下，挖掘隱藏的寶石

儘管 tvN 陸續出了一些佳作，不過有線電視台的預算終究少於地上波電視台，再加上被分類成「大牌」的藝人們不願意接有線電視台的節目。換言之，tvN 在活用人力資源方面有一定的制約。tvN 得給出豐厚待遇才能請到大牌或超大牌演員，主角片酬的成本也會跟著增加。當然，要擺出豪華明星陣容原本就不容易。在這種限制下，比起使用要紅不紅的演員，tvN 寧可起用有才華的新面孔，或是尋找過去沒發現的有潛力演員。在這個過程

中，tvN 挖出了隱藏的寶石。引用申元浩製作人的話，相較於讓觀眾發出「又是他？」的厭倦視線，讓觀眾好奇「這群人是誰？」會更好。[22]

tvN 的判斷是正確的。在「請回答」系列中，擔任男主角的徐仁國、鄭宇、朴寶劍和柳俊烈竄紅成明星，歌手鄭恩地和惠利，還有相較於出道時人人寄予厚望，卻屢屢無法拍出代表作品的演員高雅羅，成為了小螢幕明星。一票配角的飛躍更是耀眼。金成均、孫浩俊、柳演錫、Baro、都熙、羅美蘭和安宰弘等多位配角演員的人氣不亞於主演，人氣不斷飆升。此前，「沒英愛」女主角金賢淑在電視劇與同名音樂劇中活躍。電視劇《Nine：九回時間旅行》和《需要浪漫》（로맨스가 필요해）的男主角李陣郁，作為暖男一炮而紅，偷走了不少女性觀眾的心。《未生》和「請回答」系列的情況則是不分主角、配角，幾乎所有出演者都聲名大噪，甚至發生了許多人都接到廣告的高人氣罕見現象。

當然也有明星是因為和明星製作人羅暎錫的交情才出演節目。但就算是這種情況也和過去出演節目時，有著明顯的差異。這些明星不是以地上波電視台見過多次的形象，而是以新的形象，受到了大眾矚目。像是年齡步入黃昏的「花樣」系列「爺爺四人幫」廣受年輕人喜愛；李瑞鎮、玉澤演、車勝元、柳海鎮和孫浩俊通過《一日三餐》再度獲得關注；演員崔志宇以參加《一日三餐》為契機，加入「花樣爺爺」系列，迎來了第二個全盛期，

接著通過 tvN 電視劇《第二個 20 歲》（두쩬째 스무살）以演員身分「復活」。像這樣，tvN 節目發揮讓人才出頭天或二度出頭天的作用，選角受限也得以放寬。觀眾也因發現了埋在泥土裡的珍珠而激動，視線也看向了別具一格的人才。韓國觀眾積極建議「選角請選無名小卒吧」，觀眾提出這種建議，並不是在找碴或干涉選角，而是作為充滿愛意，主動參與的超級粉絲才提的。而超級粉絲的意見，tvN 沒有不聽的道理。[23]

靠節目時段的安排創造週五夜的空隙

從最近電視圈的版圖看來，無論是地上波電視台或是有線電視台都發起了搶佔週五夜晚的內容戰爭。這種現象在 2015 年年初變得更加明顯。《一日三餐》擁有足以威脅地上波電視台的高收視率，同時段 KBS 電視台施展超強絕招，在週五和週六播出了電視劇《SPY》（스파이）和《製作人的那些事》（프로듀사），而 MBC 電視台把長壽人氣綜藝節目《我獨自生活》當作殺手鐗。

通常週五被視為「休息」日，電視台不會在週五安排重要的節目。在被月火劇、水木劇（週三、四播出）支配的電視劇世界中，除了現在被廢止的長壽劇《愛情與戰爭》（사랑과 전쟁）之外，週五長期以來都缺乏有力的內容，擁有殺手內容的綜藝節目火力全被集中到週六。在根深蒂固的「火熱的週五文化」[24] 之下，週五較其他日子不被關注。這是因為電視台對週五收視率一

定不好的偏見。

　　tvN 覷準週五空隙，把羅暎錫製作人製作的《花樣爺爺》安排在週五（2013 年 7 月 5 日到 10 月 4 日）。在這個節目成功後，tvN 又立刻把「請回答」系列二部曲「應四」當成接檔作品，史無前例地在週五晚上播出電視劇（「應七」播出時段為週二）。「應四」以 X 世代為背景，兼具迷你電視劇和傳統週末劇的特質，因此 tvN 期待它能成為虜獲「五六」的全新週末電視劇型態，而不是「六日」。正如各位所知，這個「規則破壞者」的伎倆獲得巨大成功，tvN 獲得了許多年輕單身族的支持。無論是因為平日上班的折磨，週五晚上不出門尋樂，選擇直接回家的「準時下班族」，或像草食男與魚乾女般獨居的「單身男女」，「應四」變成被他們視為朋友的「火熱週五大禮包」。過去曾是收視率死角的週五夜晚變成藍海，引起川流不息的廣告置入，財源滾滾而來，最後連地上波電視台也趕赴戰場，展開了誰能先推出殺手內容搶占週五夜的戰爭。[25] 現在就連 CJ ENM 旗下節目也踏入火熱週五夜的戰爭。占據了週五好幾年的音樂選秀節目《Super Star K》更是被嘻哈選秀節目《Unpretty Rapstar 2》等人氣節目擠下，從 2015 年下半年改於週四播出。

就連小數點也拼命爭取，靠收視率限制創造前期行銷神話

　　在雙向溝通很重要的媒體 2.0 時代，觀眾對節目的涉入程度

之高，足以被稱為「參與者」。不僅是觀眾的頻道選擇權變多，就連觀眾的聲音也變得比過去大，電視台以觀眾喜好為重心，抓住行銷感覺非常重要。再者，站在有線電視台的立場來說，除了招牌節目之外，通常有線電視台的節目話題性和觀眾投入度都不高。把小數點收視率都看得很珍貴的他們，會把生死存亡賭在行銷上是很理所當然的。

通常地上波節目製作人很少會接觸到其他部門的人，製作內容團隊和宣傳行銷團隊長期採取分離的形式。相形之下，tvN 每次開會的時候，節目安排、製作、行銷、企劃、經營等各種部門的人都會聚在一起討論。「目標觀眾群喜歡這樣子的東西，所以我們放進這種內容吧」、「希望主角能穿這種風格的風衣」、「最近流行這種 OST」，各部門一起交流各種資訊和意見，齊心合力。

地上波電視台和有線電視台的行銷方式也截然不同。地上波電視台的行銷方式多採預告、字幕廣告和媒體宣傳。tvN 為了克服地上波電視台媒體的力量，努力從各種渠道宣傳內容，嘗試過去沒試過的內容行銷手段，包括數位行銷、社群網站、病毒式行銷等等，並將內容行銷當成頻道的強項。tvN 的節目製作與宣傳方式，全都是配合目標觀眾群苦思後得出的結果。tvN 在確定好內容後會結合到節目裡，或是收到製作好的節目影片後製作病毒行銷影片（Viral video），又或是利用主演陣容展開病毒行銷。這一類的製作和內容行銷發揮綜效最好的事例就是「請回答」系列。

《請回答1988》製作過程中，相關部門的綜效

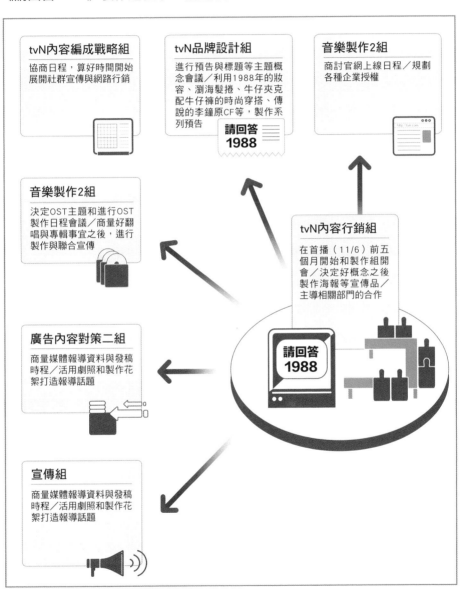

tvN內容編成戰略組

協商日程，算好時間開始展開社群宣傳與網路行銷

tvN品牌設計組

進行預告與標題等主題概念會議／利用1988年的妝容、瀏海髮捲、牛仔夾克配牛仔褲的時尚穿搭、傳說的李鐘原CF等，製作系列預告

請回答
1988

音樂製作2組

商討官網上線日程／規劃各種企業授權

音樂製作2組

決定OST主題和進行OST製作日程會議／商量好翻唱與專輯事宜之後，進行製作與聯合宣傳

tvN內容行銷組

在首播（11/6）前五個月開始和製作組開會／決定好概念之後製作海報等宣傳品／主導相關部門的合作

廣告內容對策二組

商量媒體報導資料與發稿時程／活用劇照和製作花絮打造報導話題

請回答
1988

宣傳組

商量媒體報導資料與發稿時程／活用劇照和製作花絮打造報導話題

因為上一部作品成功，使得觀眾期待感提高。為了滿足觀眾高漲的期待，從打出「我最後的愛是家人」口號的「應八」行銷，比任何時候要更嘔心瀝血。「應八」推動復古行銷，以「家族」與「80 年代」為關鍵詞，盡可能地恢復 1980 年代雙門洞巷弄風情。此外，為了維持現有的品牌忠誠度，抓住粉絲的心，「應八」還經營了「回歸的『請回答』」臉書粉絲專頁與推特官方帳號。電視劇甫開播，臉書專頁的「按讚」數就突破 40 萬，推特粉絲數超過 15 萬，替開播初期的氣勢做出貢獻。

　　正如「應八病」的新興流行語登場，即使「應八」成功站穩腳跟，但為了持續延燒話題，「應八」仍展開了全方位行銷。「應八」的帳號和「應七」的帳號（粉絲數 2 萬）被合併為「請回答」系列官方帳號，由行銷人員負責管理，提高了觀眾忠誠度，官方推特粉絲數提高到 9 萬 2000 名。主要媒體和入口網站的相關報導數合計超過 4 萬。

　　「地上波電視台展開一次的數量攻勢，就能達到一般的行銷效果。相對的，有線電視台的前期行銷相當重要，光前期提高 0.5~1% 的知名度，就能更輕鬆地推進節目，奠定收益基礎，提高節目完成度。」負責 tvN 行銷的 CJ ENM 廣播電視內容行銷組組長金載仁（音譯）說道。

《未生》，開啟前期行銷的新篇章

　　《未生》的前期行銷配合了製作過程，事前縝密規劃佈署，大見成效。《未生》20 集劇本約在 2013 年年底完成。劇本一完成，《未生》劇組隨即投入前期工作。從 2014 年年初起，劇組馬不停蹄地四處尋找投資金主。他們第一個造訪的地方是韓國產業通商資源部。儘管對方沒能爽快應允投資，但畢竟是政府機關，所以客氣地轉介了 KOTRA、貿易保險公社、貿易協會三個地方。另一頭，大宇國際、大宇中心（大宇集團總公司，現首爾廣場大廈）和 KT&G 大廈，分別作為劇中背景企業、拍攝場景和主場景之一的大廳，這三個地方也在數次商談後才拉到贊助。

　　「障壁意外地高，但我們不屈不撓，反覆尋找，努力地宣傳投資這部電視劇能同時提高企業形象和收益。我們對大宇國際說：『這會增加公司求職人數。』，對首爾廣場大廈說：『這能降低這棟大樓的空置率。』我們很早就開始下功夫，再加上原著的力量，最後他們終於點頭同意，實際上我們享受了「雙贏」。像這樣子，我們先和電視劇有關的企業拉入贊助商行列，劇本全都準備好，我們才能在確定主演人選之前，就先輕輕鬆鬆地和劇中廣告贊助商（PPL）Double A（A4 影印用紙）、東西食品（即溶咖

啡 Maxim）簽下合約。」

——CJ ENM 電視劇 1CP 李宰文（音譯）PD

就這樣，《未生》高達 20%製作費的 PPL 收入，創下新紀錄。多虧劇組有條不紊地準備，拉到了和電視劇關連性高的置入性商品，商品才能融入到電視劇劇情中，而不是單純地作為劇中道具登場。《未生》的置入性廣告非但沒有挨罵，還得到了「有誠意的 PPL」的讚美。

劇組讓子公司之間充分發揮的協同效應的宣傳活動，也是前期籌備發光發熱的結果。為了在解酒飲料「枳椇茶」的包裝裡放入電視劇角色，《未生》團隊親自到「CJ 健康護理」進行企劃報告。他們從電視劇開播六個月前著手這件事，直到開播三個月前才獲得生產批准。後來，300 萬瓶的「枳椇茶」鋪貨到韓國全國各大超市和超商，在電視劇開播後，「枳椇茶」的銷售額達到兩倍以上。

喜好的時代，沒有「完生」

　　當環境受限，只能用最基本的核心食材作出美味佳餚時，還是能想出有創意和新穎的點子。tvN 證明了這一點，被認可為創造潮流的品牌。就像電影界的系列電影能闡釋真正的品牌與內容力量般，電視圈的系列節目同樣也是體現品牌存在感的信物。tvN 不僅擁有超級粉絲，其殺手內容更是具備了無所顧忌的品牌力量，讓 tvN 得以大膽實踐「季度制」，甚至還被觀眾熱烈要求「快點製作下一季」。無論是創下 tvN 頻道史上最高收視率的《一日三餐》衍生篇《一日三餐：漁村篇》，或是「請回答」系列作品《請回答 1988》等各個 tvN 誕下的明星節目後續之作已經享受了觀眾的噓寒問暖。這些後續作品的首播收視率就是最好的證明（以「應八」為例，tvN 製作了「觀劇指南」，裡面整理了收看電視劇之前先了解會更好的議題，這種作法，讓「第○集」也創下了 3% 收視率，並產生了各種搜索關鍵字，超越了「應四」首集收視率。）更不用說，《未生 2》和《信號 2》（시그

냉 *2*）等製作精良的後續作品，也被觀眾列入觀察名單。

　　當 tvN 從微弱的存在轉變成擁有粉絲團的品牌，原先施壓的制約逐漸被解開，事情會變得怎樣呢？tvN 是不是就能振翅高飛，無往不利了呢？或是失去制約帶來的緊張感反而削弱它富有創意性的面貌？就結論而言，變化莫測的內容生態界沒有「完生」。換言之，無論多強大的品牌，也不可能永遠稱雄。再者，相較其他行業，媒體業是反映速度和人氣浮沈特別嚴重的業種。媒體內容事業跟打造賣座電影大片，創造獨一無二的內容的電影業者的立場不同，變數與競爭者之多，誰都無法保證能永保霸權。

　　對於平台、節目編排、目標收視率等毫無意義的「擺脫電視時代」來說，更是如此。主導未來內容世界的 1534 世代正在遠離電視，他們只是跟著「內容」走。韓國廣播通信委員會的調查結果顯示，目前韓國人 10 人中就有三人不是通過電視，而是通過 N 螢幕收看節目。[26] 還有，未來的競爭貌似不會只是有限戰爭。在連網性日益提高，文化隔閡變低的世界裡，這場戰爭顯見將會是場國際血戰。

　　如今不再有企業專門經營內容。過去，《紙牌屋》（*House of Cards*）曾被選為全世界最「熱門」美國影集之一。然而，製作該影集的企業不是有線電視台的驕傲 HBO，也不是 ABC、FOX 等媒體內容傳統強者，而是線上 DVD 租片業者「Netflix」（2016 年 1 月，Netflix 進軍韓國市場）。後來，重量級網路書

店亞馬遜也投身製作電影與影集系列，不僅推動內容流通，也擴張到製作開發領域。擁有強大平台和熱血的超級粉絲的蘋果公司，當然不會錯過自製媒體內容。韓國通信公司也一度熱衷製作手機電視劇。最近「NAVER」和「Daum」等韓國入口網站，甚至地上波電視台也加入製作網劇行列。這一切都是為了藉由內容打造穩固的平台，進而守護品牌力量。

　　無論誰能成為平台贏家，受到喜愛的內容必然能生存。問題是，能吸引多數人關注的明星內容呈下降趨勢。觀眾的注意力被分散到四面八方。滿足這種「碎片化」現象的內容不斷地從地球某處冒出來，消費者被暴露在平台與內容的洪流下，變得更挑剔，也更容易疲憊。佐佐木俊尚（Toshinao Sasaki）等媒體專家甚至主張道：「這種多源化傾向，『大眾』消失，『少眾』、『分眾』的時代已經到來。」[27] 羅瑛錫製作人說的「大眾內容時代已經過去，『喜好的時代』開啟了」也是差不多的道理。

　　不管是初期靠著大型資本製作的高完成度內容，或是雖然存在感微不足道，但苦苦死撐，直到因為某個契機，一夜之間躍升明星內容，從而印證「長尾理論」（The Long Tail Effect）[28] 的極少數內容，現今節目的命運完全取決於觀眾的喜好與選擇。因此，高純度的內容創意性，與能引起觀眾信賴與好感的機智品牌行銷實力，極其重要。超越競爭對手，凸顯自己並不容易，但若能越過界限，內容傳播力就能無限擴張，將會是未來的市場法則。

在這種背景下，CJ懷抱遠大抱負，一方面是把自己打造成不受平台限制的「內容中樞」，建構有競爭力的系統與文化，一次打造電視、行動裝置、電腦與登上國際舞台的節目。另一方面，CJ為了讓內容創意者們發揮最大力量，替他們增添了適度的緊張感和速度，外加提供安全措施，發揮了「輔佐內容創意者的內容創意者」作用。CJ把迎合「擺脫電視與國境」的全球內容商務，作為自身的戰略藍圖。2015年，羅瑛錫團隊製作的全新網路綜藝《新西遊記》成為了一個很好的起點。該綜藝透過網路公開20支趣味小插曲影片，在韓國入口網站NAVER和中國入口網站「QQ.com」合計點擊數高達1億。在此之前，大眾看待網路內容的態度是，「就算會引發話題，也無法創造實質收益」。《新西遊記》的成功實例，證明了網路節目雖未必能創造像電視節目一樣大的廣告收益，還是有機會達到損益平衡。

當然，前路仍漫長。沒人能預測變化的水流會流向何方。在不知道從哪裡會冒出競爭對手的媒體業無限競爭的格局下，CJ要想實現全球內容中樞的願景，最終不得不依靠「創意性」和「革新」。假如組織不培植如軟體動物般柔軟的姿態，去應對變化，成為令小小的創意點子能繼續成長茁壯的創意型組織，極有可能無法生存。我再次強調，今日的媒體受眾比過去任何時候都要聰明冷靜且反覆無常。

基於此一觀點，CJ等各大內容企業有必要傾聽設計諮詢公

司 IDEO 的總裁提姆・布朗（Tim Brown）的建議。提姆・布朗以擅長越過界限的多學科思維著稱，他這麼說道：

「無論任何情況，可被預測的計畫都是無聊的，無聊必然會讓才華出眾的人離去。」

1　《請回答1988》的「回答」的韓文漢字是「應答」，此處簡稱沿用韓文漢字
2　指韓國1970年代到1980年代中期出生的世代，當年因為社會失業情況嚴重，此一世代平均月薪只有88萬元。類似台灣的「22k世代」
3　「未生」是圍棋術語，意指還沒確定死活的棋子，都是「未生」，只有贏家才是「完生」（活棋）。隱喻為在現實世界中，夢想成功而努力奮鬥的人
4　以下收視率以收費平台為準，出自韓國尼爾森公司
5　即無線電視台，類似臺灣的老三台
6　指「綜合編成頻道」，是相對於無線電視台，採用有線電視、衛星電視或寬頻電視等方式進行播放的電視台
7　CJ ENM與尼爾森韓國發表關於綜合反映話題性（新聞訂閱排名）、關注與參與度（直接搜索排名）、投入度（社群網站等排名）的綜合指數內容力量（CPI）排名中，《請回答1988》為2015年綜合排名第一名
8　起承轉合的變形，意指不管劇情怎麼發展，最後都會回到愛情上
9　繼2000年開設美食頻道「Channel F」之後，CJ在2002年又設立了電影頻道「Home CGV」囊括音樂、電影和料理等多種文化體裁，為複數廣播電視頻道業者（MPP）打下根基。目前共有18個專門頻道，建立起電影、美食風格、圍棋、電競、兒童、時尚風格、男性等各自明確的目標觀眾群
10　「站在今時今日的廣告商的立場來說，能引起最理想的視線，也就是能勾起興趣的受眾群，整體上是未滿50歲的成年人」，《Audience Evolution》，菲力普・M・拿坡里（Philip M Napoli）著
11　一個品牌只有引領消費者的喜愛與忠誠度才能擁有競爭力的概念。由國際廣告公司上奇（Sach&sachi）的環球CEO凱文・羅伯特提出
12　《發明未來的企業》（Mavericks at work），威廉・泰勒（William C. Taylor）、波莉・拉巴爾（Polly G. LaBarre）著
13　實際上，通常HBO不會在節目中間插入廣告，但會播放拍攝幕後花絮或自家公司其他影集的廣告，主要收入來源是觀眾訂閱費
14　《媒體2.0和內容生態界典範》，宋海龍（音譯）著

15 嚴格來說，節目編劇多以自由工作者身分接案，因此李祐汀節目編劇雖然不隸屬於 CJ ENM，但因為KBS電視節目《Happy Sunday》製作組成員們強大又具創意性 的夥伴關係，李祐汀節目編劇也參與了很多tvN作品

16 〈特別報導：CJ E&M請回答1997〉，《東亞商業評論》（DBR）118期，2012年 12月報導

17 白勝龍製作人原是tvN綜藝節目《SNL Korea》的製作人，後來以電視劇《剩餘公主》（잉여공주）踏出電視劇導演的第一步

18 《皮克斯：全球獨具創造力的動畫品牌持續創新的秘密》（*Innovate the Pixar Way*），比爾·卡波達戈（Bill capodagli）、琳恩·傑克遜（Lynn Jackson）著

19 〈威脅地上波電視台的「Made in tvN」哪裡不一樣？〉，《首爾新聞》，2014年 11月12日報導

20 《Branding Television》，凱薩琳·強生（Catherine Johnson）著

21 〈Idea Watch：把常客變成大客戶〉，《HBR韓國》，2014年3月號報導

22 〈特別報導：CJ E&M請回答1997〉，《東亞商業評論》（DBR）118期，2012年 12月報導

23 孫浩俊代替突然辭退節目的韓流明星張根碩加入《一日三餐：漁村篇》，就是因為 觀眾積極推薦

24 指一到週五，人們習慣外出玩樂，度過火熱的週五夜晚的韓國社會文化

25 〈抓住週五夜晚「準時下班」的單身族吧〉，《首爾新聞》，2014年12月1日報導

26 「韓國每10個人中有七人擁有智慧型手機……使用手機減少了看電視時間。」， 《亞洲今日》，2015年2月12日網路報導

27 〈關注經濟的時代，大眾文化如何喚醒我們的腦細胞？〉，《風格朝鮮》，2015年 5月號報導

28 指小眾商品的需求量雖少，但積少成多，也能創造出可觀的收益，擊敗主流商品

我們販賣生活方式

打破電視購物框架

「真正的差別化是全新的思想框架。」
——《*Different*》作者暨哈佛商學院教授文英美（音譯）

Background Story
電視的另一張臉龐

　　20 世紀中期電視登場，顛覆了人們的生活。[1] 對觀眾來說，電視是供給資訊和娛樂的媒體，對企業來說，電視是能佔領人們日常的可怕又有效的手段。然而，沒人猜到電視會改變人們的消費方式，人們醒悟到通過電視能買賣「物品」，是一個巧合的發現。

　　1977 年，美國佛羅里達某地方廣播電台（WWQT）正飽受財政困擾，該電台老闆收下 100 多個電動開罐器，代替廣告費，並且決定「賣掉」這些東西。他成功說服猶豫的電台脫口秀主持人，在電台節目中加入「商品介紹」環節。「各位聽眾，我們節目有非常棒的開罐器，歡迎想買的人聯絡！」驚人的是，僅因這一句話，原價 9.95 美元（折合台幣約 275 元）的開罐器不到一小時就被賣光了。主持人每賣出一個就能抽成一美元的辛苦費。[2]

　　當時電視台老闆巴德 ・ 帕克森（Lowell Bud Paxson）沒把

這件小事件當成一個單純的回憶。他確信「如果這招在聽眾看不見商品的廣播節目中也行得通，那麼放上電視螢幕，一定能達到更好的效果」。那時候，美國的有線電視時代才剛起步。1982年，帕克森和合夥人成立了專門「購物」的地區有線電視台——家庭購物俱樂部（Home Shopping Club）。[3] 這是第一個電視購物頻道誕生的瞬間。

1985 年 7 月，第一個主持美國全國境內播出的有線電視購物節目的人，就是八年前賣過電動開罐器的是鮑伯‧西爾科斯塔（Bob Circosta）。這次他賣的是 14K 項鍊，「各位觀眾，現在打電話訂購 14K 項鍊，免費配送到府！」

觀眾的第一反應不佳，播了五小時的節目，訂單總額只有 352 美元（折合台幣約 9700 元），不過隔天，當第一天下單者拿到「快速宅配」的項鍊時，紛紛表示對商品很滿意。正如「電視購物」這個單詞的字面意思，這種人們只需舒服地坐在家就能買東西的全新購物方式，迅速掀起「熱潮」。10 年後，即 1994 年，HSN 成長為年銷售額 11 億美元（折合台幣約 300 億元）的企業。

1995 年，韓國也開啟了電視購物時代。人們在家就能舒服地購物，對消費者來說，等於是推開了「購物新世界」的大門。站在供應商的立場來看，可稱得上是「流通革命」。電視購物不用設置陳列商品的賣場就能打廣告，並能當場販售商品，一石二鳥。假如商品熱銷的話，供應商能在短時間內接近到許多消費

者。這種好事，流通業當然不可能錯過。電視購物的成功關鍵在於有線電視市場的規模能有多大。電視購物和其他會經歷初期「成長痛」的有線頻道不同，步伐相對地快速，一馬當先。1995年，39電視購物（現CJ O Shopping）和LG集團開設的購物頻道，是唯二獲得「開台」許可的第一代電視購物專門頻道，開台一年內就扭虧為盈。

1990年代末期，電視家庭購物的「我獨自」成長

在1990年代末期，電視購物造成韓國消費文化的重大改變，人們對只需要拿起遙控器就能購物，感到新奇。被忙碌生活包圍的普通消費者不用多說，不用外出也能接觸到有魅力商品的「怕麻煩一族」、育兒導致出不了門的主婦，和行動不便的銀髮族等等，許多人張開雙臂歡迎電視購物的登場。當時電視購物的周遭環境也從各種方面助長了產業的成長。對供應商而言，不用支付昂貴的租金，「無店面」也能接近眾多顧客；對消費者而言，能減少塞車和找停車位的麻煩，並以相對便宜的價格購買多項商品。電視購物靠著這些超強優勢走向市場。信用卡市場擴大和配送系統的發展也是推進電視購物便利性的要素。

隨著有線電視用戶人數的增加，電視購物的蓬勃發展程度，甚至產生了「房間市場」（안방시장）一詞。縱使在IMF危機下，

電視市場的堡壘仍穩如泰山。這是因為韓國社會掀起聰明節儉的「價值消費」風潮，提倡價格合理性的家庭購物廣受大眾的歡迎。

二當家的煩惱

　　CJ 集團（當時為第一製糖）1990 年代中期進軍電視電影業，到了千禧年年初，也就是 2000 年初期，再次展開全新挑戰。2000 年 3 月，CJ 收購 39 電視購物，進軍電視購物業。[4] 隔天，即 2001 年，現代電視購物、Woori 電視購物（2007 年變更成「樂天電視購物」）、農水產 TV（2010 年變更成「NS 家庭購物」）獲得電視購物開台許可證，為第二批加入電視購物行列的頻道。

　　以現代和樂天百貨為基礎的電視購物企業初登場就嶄露頭角。它們積極利用豐富的流通經驗與品牌力量，引領行業發展。即便是一樣的商品，「百貨公司商品」明顯存在月暈效應。

　　在一干傳統流通強者之間[5]，CJ 無異是「異端」。這跟過去 CJ 在食品業和電影業的情況不同。過去不管做得好不好，CJ 是主導市場方向的市場開拓者，現在 CJ 像一隻奔跑在密林中的孤獨老虎小心翼翼地踏出步伐，走入成群結隊的獅子走動的草原。2002 年，CJ 收購 39 電視購物，重生為背負新使命的「CJ 電視購物」。CJ 電視購物雖然保住了二當家的位置卻煩惱重重。為了確保明確的競爭優勢，CJ 需要強而有力的差別化策略。與此

同時，電視購物業的環境也正在改變。在 2003 年之後，由於信用卡泡沫化和家庭購買力下滑等各種因素，大眾消費心理萎縮，有線電視用戶人數的增加趨勢趨緩，過去一路狂奔的電視購物業受到了不容小覷的打擊。[6]

換個角度看待電視購物怎麼樣？ CJ 決定不把電視購物當成流通業，改用食品和媒體內容企業的角度看待電視購物。雖然對現有的流通業強者來說，電視購物是另一個銷售渠道，可是對 CJ 來說，電視購物是電視和流通結合的「混合內容」（Hybrid Content），CJ 長期經營食品業，其了解行銷趨勢的速度，無人能及，同時 CJ 兼具將大眾喜好融入內容的經驗。CJ 是不是活用自身優勢呢？假如競爭對手們以穩固的物流網和品牌作為主要武器，那麼 CJ 擁有的與眾不同的資產就是——擅長迅速掌握大眾生活方式走向，並快速將其商品化的訣竅。

「我們不賣商品，改賣趨勢和生活方式吧。」

我們販賣
生活方式

　　CJ 電視購物提出了「購買潮流生活方式的價值消費者」願景（Trendy Lifestyle Shopper with Value），其要旨為掌握當下人們渴望的生活方式，用包含樂趣和資訊的價值內容展示出這種生活方式。

　　「比方說，『汽車露營』（Auto Camping）就是一個話題。在 G-Market、Auction 和 SK 11 號街上面只賣帳篷，不過 CJ 不只賣帳篷，兼賣迎合汽車露營主題的生活方式的必需品。我們不是從賣露營用品，而是從賣名為『汽車露營』的生活方式的角度去接近消費者。」

　　——（前）CJ O Shopping 經營戰略室徐正元（音譯）常務

CJ 電視購物主持人不會強調我們賣的帳篷有多堅固，而是從「感性價值」切入，強調搭起帳篷和家人一起烤肉，坐在椅子上舒服地休息等等，展示了人們實際享受汽車露營的模樣。相較商品的功能和價格，CJ 突顯日常中能享受的小小樂趣，對此，消費者們給予正面反應。CJ 獲得自信，相信即使沒有大張旗鼓的宣傳商品，也能獲得人們的關注。

「電視購物是爭奪電視遙控器的戰爭」的廣告標語明白指出，在「轉台時間」（Zapping time）內一決勝負乃電視購物的「宿命」。當時整體行業都認為，如果不動用「釣魚性」誘導消費者購買，商品就賣不出去。[7] 但如果能製作出體現感性價值的魅力內容，是不是就不用非得「釣」消費者呢？

替電視購物增添娛樂

「用充滿感性的媒體內容擺脫轉台的枷鎖。」CJ 意想不到的「有才華」的挑戰，就連戰勝家庭購物始祖 HSN 的美國電視購物帝王 QVC 的巴里 ‧ 迪勒（Barry Diller）也沒想到。可是，想正確傳達感性，傳達方式也需要差別化。過去史蒂夫 ‧ 賈柏斯曾展示了最重要的電視購物商品的宣傳技巧。他沒有刻意強調最薄筆記型電腦有哪些優點，僅用牛皮紙袋取出 MacBook Air 的動作就說明了一切。

有些節目好看到觀眾會故意存檔，先不看，等到日後一口氣

追看。由此可知，即使是綜藝節目、脫口秀和電視劇，也有許多值得效法的地方。首先，CJ 認真物色足以扛下招牌購物節目重擔的嘉賓。電視購物的主角是「商品」，為了增添節目的趣味性和說服力，需要兼具話題性與推銷實力的出演嘉賓。

CJ 多方物色後選中的人是當年電視明星王玲恩。王玲恩以銀鈴般清脆的聲音和說話簡明扼要出名。她婚後專心育兒遠離了電視圈。這樣子的王玲恩自然而然地被套上了人設——往年機伶的電視明星搖身變成精明操持家務的主婦。

2007 年 9 月，CJ 電視購物頻道推出《王玲恩的 talk talk 日記》。這不是個賣東西的節目，而是以主婦為對象進行的脫口秀。在王玲恩簡單地介紹商品後，專業購物主持人會拋出問題，在你問我答之間替消費者提供商品資訊。該節目固定在每週六早上 8 點 20 分播出。

《王玲恩的 talk talk 日記》主推商品是高級廚房品牌。在節目中，王玲恩和主持人除了商品資訊之外，還提供了主婦感興趣的豐富生活小知識，像是要怎麼利用商品過得更舒服。該節目可以說得上是一個傳授「家務高手」訣竅的「秀」。以前電視購物節目的商品介紹時間不到 10 分鐘，可是這個節目即便介紹了 30 分鐘以上，觀眾依然興致勃勃。

有鑑於該節目介紹的是一般電視購物中少見的高價商品，CJ 起先非常擔心銷售狀況。孰料，5、6000 套價值數 10 萬韓元的

餐具和鍋具套裝組合，居然一小時內就被搶購一空。縝密的節目結構與導演，明確的角色分工，不走單純的家庭購物節目路線，沒有大肆突顯商品，而是堂堂正正地散發電視內容魅力，反而提升了銷售效果。此外，觀眾轉台時間偶然之間看見王玲恩，紛紛跳台收看，甚至出現了轉台數值變高的正向副作用。

「根據轉台數據顯示，美國電視購物的鏡頭通常不怎麼放在主播身上，不過韓國的主持人和嘉賓都會看著鏡頭，像跟顧客說話一樣。電視導播導鏡頭的方式讓觀眾覺得是一對一聽著有趣的說明。有時嘉賓們會互相真摯地輕鬆對話、討論，提供機智的生活小竅門。這應該就是『娛樂化消費』（Shopper-tainment）要走的方向。」

—— CJ O Shopping 廣播電視內容負責人任豪燮（音譯）部長

後來的《金勝賢的這種秀》可說是韓國電視購物史上，第一個無固定形式的綜藝脫口秀。節目的重點是主持人金勝賢的閒話家常，金勝賢偶爾才會中間穿插推銷擺在舞台上的商品。隨著有策劃主題的企劃型節目固定時段播出之後，產生了忠實觀眾群。

娛樂化消費，成為了「新常態」

CJ 通過各式各樣的節目散播娛樂要素，在一小時內盡可能

傳達一到兩項商品細節資訊，再追加時尚訣竅、料理講義、最新潮流等各種「有益的樂趣」特別環節。這種節目安排方式不同於現有的大多數節目——在三到四分鐘內告知商品資訊，或全然以商品介紹為主，頂多添加一點技巧。這些同時提供資訊、樂趣與知識的電視節目開始被稱為「韓國型娛樂化消費」。

《王玲恩的 talk talk 日記》和 2009 年首播的娛樂化消費界人氣節目《名人店》[8] 一類的招牌節目的成功，使得娛樂化消費年年都有飛躍性成長，其他頻道在不知不覺間效法。娛樂化消費變成了韓國電視購物節目的「新常態」（New Normal）。娛樂

娛樂化消費節目上升趨勢

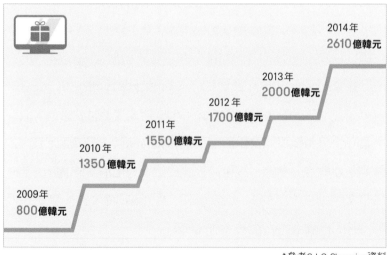

2009年
800億韓元

2010年
1350億韓元

2011年
1550億韓元

2012年
1700億韓元

2013年
2000億韓元

2014年
2610億韓元

*參考CJ O Shopping資料

化消費節目提升了整個圈子的節目水準，實現「平均向上移動」，年年都呈現快速增長趨勢，2014 年時，電視購物節目創下 2610 億韓元（折合台幣約 60 億元）營業額[9]的紀錄。在這種令人刮目相看的成長趨勢為背景下，「娛樂化消費」一詞於 2011 年被韓國入口網站 NAVER 收錄於開放韓語辭典。[10]

娛樂化消費的進化，擺脫購物

2013 年 8 月 26 日，發生了一件震驚電視購物業界的小事件。那就是完全不賣商品的《O Fashion，F ／ W Free 時裝秀》的登場，該節目主持人是頂級造型師韓惠妍（音譯），出演嘉賓是演員韓高恩和設計師張敏英（音譯）。該節目介紹最新時尚趨勢，展開「時尚討論」和時裝秀，是個排除購物的純時尚節目。在該節目播出的下午（3 點 40 分到 4 點 40 分）時段，其他頻道同時段節目以賣主婦顧客們喜愛的時尚、內衣、醫美用品為主，是平均訂單額超過 2 億韓元的時間段。雖然下午時段不算是黃金時段，但也是銷售額會固定增加的時段，居然不播賣東西的節目，不受限於購物框架，改播用時裝秀包裝的節目。就節目聚焦在讓觀眾開心的這一點上，該節目可以說是娛樂化消費的進化，觀眾也給予了回應。《O Fashion，F ／ W Free 時裝秀》創下同時間段其他電視購物節目的九倍高收視率。

2014 年，《FNL SHOW》索性走出攝影棚。光看節目名

字就能猜出，這是個從企劃階段就有心模仿 tvN 深夜綜藝節目《SNL Korea》的節目。該節目不是往電視購物節目添加普通娛樂元素，而是大大方方地帶著「火熱的內衣秀」魅力主題走向觀眾。這是電視購物首次破例離開攝影棚，藉由直播轉播男女模特兒在飯店泳池舉行池邊派對的開心模樣，打造了與眾不同的秀。對此，觀眾們好評如潮，認為「比綜藝節目更有趣」。[11]

成為全球電視購物雙雄的媒體業

目前世界第一名的電視購物企業是美國 QVC，其次是 CJ O Shopping。[12]QVC 成立於 1986 年，雖然比電視購物創始企業 HSN 晚一年出發，但從 1990 年代中期就躍升成龍頭老大，而領導局勢逆轉的是媒體業老大巴里 · 迪勒。巴里 · 迪勒機緣巧合下和朋友造訪 QVC 直播攝影棚，在活力充沛的推銷現場，他看見了流通業的未來。後來，他毫不猶豫地投資 2500 萬美元（折合台幣約 6 億 9000 萬元），1992 年成為了 CEO。[13]對電視圈知之甚深的巴里 · 迪勒採取的事業戰略核心是，以詳細的商品介紹為導向、舒服的節目主持方式，以及販售種類廣泛的各式商品，像是各大知名品牌產品與中小企業的獨創商品等等。它主打下殺折扣多的限定商品。QVC 的這種策略明顯不同於高喊「銷售即將截止」向顧客施壓的 HSN。QVC 很快地確立競爭優勢。

同作為具備「媒體DNA」的電視購物業界後起之秀，QVC與CJ O Shopping的共同點是，它們都靠著差別化的銷售方式，改變業界版圖。[14]

　　CJ O Shopping於2004年4月，在中國以合作法人形式成立「東方CJ」，進軍國際市場。和CJ攜手成立東方CJ的合作夥伴是，僅排名於中國央視之後的中國第二大民營電視台上海東方傳媒集團（SMG）。電視、廣播與報章雜誌等自不用多說，上海東方傳媒集團是個連體育球團都擁有的大企業。上海東方傳媒集團小心翼翼地窺探電視購物商業的成長可能性，先朝CJ伸出友好之手。[15]上海東方傳媒表示CJ和其他具有製造業優勢的韓國企業不同，給出了「文化韓流」先遣部隊的高度評價。[16]

　　強強聯手帶來的成功讓東方CJ表示：「如果不經由中國東方CJ，在上海就無法賣東西。」[17]，「娛樂化消費」果然具有強大的力量。CJ進軍中國時，中國電視購物節目比起樂趣，更重視商品廣告和商品資訊。東方CJ建議積極利用娛樂元素，像是在節目裡加入K-POP，或活用tvN的「花樣」系列影片等等。「有點不一樣喔」的觀眾反應如潮水般湧來。韓國企業以傳媒企業擁有的內容製作與經營力量作為流通基礎，進軍中國，其和中國本土企業不同的競爭力發揮了作用。

在「PB」裡添加價值

《規劃慾望吧》一書的作者是電視購物商品企劃者。作者引用了行銷大師菲利普・科特勒（Philip Kotler）所強調的內容。他認為韓國電視購物是值得讚揚的模範事例，韓國電視購物走過了如美國資訊型廣告一樣列出商品功能的「行銷 1.0」世代後，迎來了追求智慧與感性的「行銷 2.0」。主導這一個趨勢的 CJ 為了鞏固整體性，在 2009 年 5 月施展品牌改名的絕招（同時也是公司名）。CJ 電視購物的新名字叫做「CJ O Shopping」。「O」背後的意義是，以網路為基礎進行的便利購物（Online）、最佳商品與服務（Optimum）、不分時地都能購物的多樣化渠道（Omnipresent），以及 CJ 經營哲學核心「Only One」。

CJ 忙著開發和發展娛樂化消費的差別化形式的同時，也努力創造產品本身的差異化。CJ 早早就挑戰了電視購物傳統流通業強者們沒嘗試過的自有品牌（Priavate Brand，PB），並建構出堅固堡壘。

不愛看電視購物節目的人，不管是哪一個購物頻道，都會覺得差不多。以 CJ 為例，以 2012 年為準，只在 CJ 販售的 Only One 品牌商品比重僅 6.2%，不過從 2013 年開始，CJ 自有品牌的比重超過了 30%。CJ 的代表性品牌 Only One 旗下商品有魚子醬為原料的保養品「Repère」、斯堪的納維亞設計的廚房用品「Odense」等等。

實際上，在流通業裡自有商品是「常見」的差別化戰略產物。如果企業和專業公司合作開發、販售自有商品，能壓低成本，縮短流通路徑，因此價格會比一般商品便宜。作為消費者，選擇餘地增加了；作為供應商，能賺到更多的利潤，沒有不做的道理。然而，在激烈的價格競爭中，缺乏特色的「自有」（Private）品牌之名，讓人誤以為自有品牌好像都差不多，無法被顧客視為是品牌商品。

CJ 並沒有把自有品牌單純當成提供合理價格的實惠型商品。CJ 認為與其聚焦於低價和不好不壞的功能，應該讓自有品牌成為賦予感性，又能滿足顧客的戰略商品。CJ 實踐這個想法的第一步可以回溯到 2001 年。

蘊含「價值」的PB品牌「Fidelia」

- 誕生 20 週年（2001 年成立）
- 電視購物史上最長壽，也是創下最高銷售額的品牌（年銷售額 300 億韓元 [折合台幣約 7 億元]，以 2014 年年底為準，累積銷售額 5230 億韓元 [折合台幣約 120 億元]）
- 主要設計師（高級線）：Vera Wang
- 進軍中國、印度等海外市場，參加首爾、巴黎等各大時裝秀

　　這是 CJ O Shopping 的自有品牌「Fidelia」近 15 年來受到喜愛的履歷。潮流千變萬化，在有著無數小品牌夭折的時尚領域裡，而且是被侷限於電視購物領域的單一品牌 Fidelia，居然能延續 10 年歲月的血脈，這一點令人印象深刻。作為公認的長壽自有品牌 Fidelia 的成功秘訣為何？是兩大策略奏效之故。

「性價比還可以」VS「美麗高級」

　　Fidelia 自上市以來，無論是功能或設計方面，主打「高級自有品牌」站穩腳跟。問題在於它用什麼方法打造高級形象。在品牌認知度為零的狀況下，單純用 ODM 或 OEM 方式[18]行銷，顯然難見功效。CJ 決定聘請本身擁有強大品牌的設計師作為招牌。CJ 要的不是默默無名的實力派，也不是明日之星，而是現在市場上的最頂級設計師。於是，CJ 與韓國國內代表時裝設計師李信禹（音譯）合作，不只是掛名，而是請她擔任創意總監的實質合作。就這樣，CJ 在進軍家庭購物領域的第二年，即2001 年，以「設計師內衣品牌」概念在電視購物首次亮相，推出 Fidelia。

　　Fidelia 的目標客群是 40 多歲的女性，四套內衣 9 萬 9000韓元（折合台幣約 2300 元）。儘管價格比一般全國性品牌（National Brand，NB）高，但消費者反應熱烈。許多女性想要的不是「性價比還可以」，而是「美麗又高級」的設計師內衣。女性們愉快地購入實現自己追求的「價值」的商品。

　　隨著 Fidelia 成功扎根，電視購物業界掀起開發自有商品的熱潮。在各種領域，企業與著名設計師的合作項目大受歡迎。不過，如同受到全球管理學界矚目的哥倫比亞大學莉塔 · 岡瑟 · 麥奎斯（Rita Gunther McGrath）所言，假如不是擁有龐大專利和技術的高科技企業，今時今日大部分的企業競爭優勢都是「短

期性」的。[19]CJ 為了強化競爭力，進一步推進 Fidelia 的核心戰略「合作」（Collaboration），從而誕生的是「Vera Wang for Fidelia」品牌。

擴張「高級」和「合作」

如同美國大型零售業「Target」推出紐約明星時裝設計師艾薩克・麥茲拉西（Issac Mizrahi）的設計線，CJ 認為若能請到國際頂級設計師作為合作對象，應該很不錯，知名婚紗設計師王薇薇（Vera Wang）成為引領新設計線的候補人選。經 CJ 知名度調查結果顯示，王薇薇的知名度相當高。王薇薇有打造實用的平價品牌經驗，恰好也沒有在內衣領域留下明顯足跡的資歷。這是個絕佳機會。負責推動合作項目的 CJ O Shopping 行銷總監（MD）金秀型（音譯）為了與王薇薇見面，搭上了飛往紐約的班機。

王薇薇是一位擅長把握機會的企業型設計師。和 CJ 的合作，能讓她通過全新渠道挑戰內衣領域，加上不是以掛名形式，僅出借自己的名字，而是能作為創意總監積極參與項目。對此，王薇薇相當樂意。[20]2014 年 4 月，「Vera Wang for Fidelia」首次亮相，走的是高檔路線，無論是商品價格或組合價，都和過去不同。當時電視購物內衣商品採「大眾策略」，八套組約 14 萬 9000 韓元（折合台幣約 3500 元），12 套組約 16 萬韓元（折合台幣約

3700 元），然而，CJ 為了強調 Vera Wang 系列的高級形象，冒險推出四套組 23 萬 8000 韓元（折合台幣約 5600 元）的價格。

因為是電視購物最初的高價自有品牌設計線，所以用平常的節目主持方式很難吸引觀眾，CJ 決定製作全新的內衣節目。在電視購物節目賣內衣的時候，通常會有穿上商品的人體模型，由主持人進行冗長的說明。相較於此，在「Vera Wang for Fidelia」銷售節目中，主持人與嘉賓們穿著得體，花了約半小時的時間大聊特聊王薇薇是個多了不起的設計師，絕口不提商品設計和價格。

「通常購物節目會花 10 分鐘介紹商品，10 分鐘誘導觀眾下單，會一直反覆這個模式。不過王薇薇節目首播的時候，節目中一直秀出她過去的作品，還有她一些名人老客戶穿上她的衣服的模樣，以及公開她親自設計商品的影片。節目就這樣進行了好一段時間，當觀眾們逐漸陷入『高潮』狀態時，大概距離節目結束 15 分鐘前才開放下單。」

—— CJ O Shopping 內衣與寢具組金秀型（音譯）行銷總監

訂單接踵而至，首播時準備的 5200 套內衣被搶購一空。[21]以製作價值數千萬韓元禮服的王薇薇親手設計的高級內衣來說，價格相當合理。這個聰明的合作項目獲得了爆發性的反應。多虧

如此，Fidelia 在電視購物界站穩了「最長壽與最高銷售額品牌」
的地位。[22]

電視購物的逃跑是無罪的

「人們渴望能配合生活速度的購物方式。」《Shopping 演化史》（*I Want That!*）的作者湯馬斯・韓恩（Thomas Hine）說道。聊起電視購物產業時，不可避免談到的重要趨勢是圍繞平台環境的變化。最近全世界的網路與行動購物正在快速增長。全球最大規模的中國電子商務企業巨頭阿里巴巴是導火線。儘管目前為止韓國國內網路和行動收益佔比不大，但對韓國本土電視購物企業來說，這種趨勢是不可錯失的機會，也是不容小覷的挑戰。

在所有機器都互相連結的「物聯網」時代，電視購物不必被侷限在四角形螢幕的電視銷售窗口裡。比方說，當智慧型家電連上 CJ O Shopping 購物節目正在做菜時，主人戴著智慧型手錶正在邊慢跑邊購物，現今這個時代絕對有可能發生這種事。電視購物現在迎來了擺脫「家庭」一詞的機會。

2014 年，韓國網路購物規模預估為 44 兆韓元（折合台幣

約 1 兆元），其中行動購物比重達到 32%，約 14 兆韓元（約台幣 3200 億元），預計佔比會越來越大。[23] 對於韓國電視購物企業來說，內需市場自不必多說，為了描繪出充滿希望的全球市場未來藍圖，電視購物企業們不得不考慮網路購物的可能性，進而展開行動。這就是主要電視購物企業積極因應急遽變化的流通環境，擴大網路商城與行動應用程序事業，追求快速進化的原因。舉例來說，企業考慮到平日晚上 6 點到 12 點是手機訂單最多的時段，會在這個時段針對行動購物族展開激烈的行銷活動。

其實，最近韓國電視購物企業處於生態系統變化的急流中，陷入收益惡化的苦戰。隨著網路與智慧型手機的普及，再加上「Ｔ商務」（邊看電視邊用遙控器下單的雙向購物頻道）的加入，競爭日益白熱化。但起碼韓國本土電視購物企業的行動銷售占比持續呈上升趨勢。[24] 現今的電視購物業比任何時候更需要創意性與靈活性兼具的戰略以求「逆轉」局面。電視購物業靠著差別化商品、服務和品牌戰略充實內在的同時，也到了該積極投資行動平台與海外事業的時候，就像在整體零售流通業上升趨勢放緩的情況下，韓國國內電視購物產業數年來仍維持著兩位數的增長趨勢，創下逼近 14 兆韓元（約台幣 3200 億元）的市場，不就是多虧靈活應對情勢。

有意見指出，隨著行動購物的便利性增加，「聲譽資本」（Reputation Capital）的價值。這是頗具說服力的說法。如果

說在網路時代，「搜尋」是核心，同理，在手機時代，「訂閱」（Subscription）就是最重要的購買標準暨原動力。[25] 意思是，越來越多頻道訂閱者看見頻道累積的推薦買評後，相信頻道而購買。電視購物品牌可以搭配有線電視、網路和手機等多元平台，靈活篩選購物內容，進行節目內容剪輯，是以在這種訂閱競爭的局面，電視購物並非完全居於不利之地。簡言之，作為擁有品牌內容的購物頻道，最好擁有越多平台越好。

正如 CJ O Shopping 早就選擇「O」而不是「家庭」（Home），現今的 CJ O Shopping 摘下了電視購物的標籤，積極打破界線。網路強者們靈活運用擁有實體基礎設施的傳統實體企業，熱烈地實行線上策略，率先展開流通渠道整合的行動。CJ 自有品牌商品「Repère」保養品就是一代表性案例。Repère 自 2015 年春天起不只在現有的電視、網路和手機應用程式，還涉入「直接上門販售」領域。這意味著 CJ O Shopping 擺脫無店鋪販賣通路，擴張到實體領域。[26]

像這樣，CJ O Shopping 將電視購物服務擴大到實體店鋪，也就是所謂的「O2O 現象」（Online to Offline），再加上「行動」（Mobile）、「全球」（Global）。這三大趨勢短期內會成為鞭策現有業界轉型的關鍵詞。[27]

1 「雖然歐洲多國與美國自1930年代就開始電視實驗節目，不過電視正式普及是在1950年代。」，〈廣播電視的歷史〉，《斗山世界大百科》網路版

2 《電視購物報告》（홈쇼핑 리포트），金燦賢（音譯）著

3 「1985年，家庭購物俱樂部事業擴張到美國全有線電視台，改名家庭購物電視網（Home Shopping Network，HSN），很容易就能猜到，現在大家習慣說的「電視購物」一詞就源自於此。」，維基百科

4 CJ在1999年重組以食品為主的事業結構，建構了四大事業群投資組合：一、食品與食品服務；二、生技與生命工學；三、傳媒娛樂；四、新流通方式與物流。電視購物屬於「新流通」領域的主軸

5 當時家庭購物的大當家「LG家庭購物」（2005年，因集團分離獨立，變更為「GS電視購物」）在集團內野設立了流通基礎設施

6 《韓國的電視購物》（한국의 TV홈쇼핑），朴成振（音譯）著

7 韓國電視購物台的頻道號碼會被安排在收視率最高的地上波頻道之間。在韓國電視購物台初創期，雖然被分配到了固定的頻道，但後來電視購物台可以和地區有線電視經營業者協商頻道配置

8 每週六上午11點半播出，該節目企劃宗旨為讓坐在電視機前的觀眾，就算沒去過世界各地的知名時尚品牌店，也能知道韓國少見的海外知名品牌。請到知名的「名人」造型師鄭潤基（音譯）擔任商品企劃者暨主持人，首播後第一年就達到了34億韓元業績（折合台幣約8000萬元）。節目播放第三年，也就是2012年時，業績達到700億韓元（折合台幣約16億元），增長了20倍以上

9 電視購物商品營業額指的是賣出商品的總收入，銷售額是電視購物企業的淨利（利潤）

10 收錄內容如下：「娛樂化消費」（Shopper-tainment）意指，在單純銷售商品的現有電視購物基礎上，傳授生活小竅門或各種生活資訊的「購物和娛樂」的合成語

11 「混合脫口秀和紀錄片的『娛樂化消費』」，《韓國經濟》，2014年7月11日報導

12 以2014年銷售額為準

13 《電視購物報告》（홈쇼핑 리포트），金燦賢（音譯）著

14 CJ O Shopping自2012年起，銷售額一直穩占韓國第一名

15 上海東方傳媒集團和CJ的股份比為51比49，條件是CJ負責經營

16 〈Case Study：CJ O Shopping的全球戰略〉，《東亞商業評論》（DBR）162期，2015年1月報導

17 《叢林萬里3》（징글만리 3），曹正萊（音譯）著

18 ODM（Original Design Manufacturing）指「原廠委託設計代工」，由製造商工廠負責開發商品，然後提供給流通企業的方式；OEM（Original Equipment Manufacturing）指「代工生產」擁有廣大流通網的企業下單給製造商工廠，委託生產，再以自有品牌銷售成品的方式，又稱「委託代工」

19 〈特別報導：莉塔・岡瑟・麥奎斯的演說與討論〉，《東亞商業評論》（DBR）168期，2015年1月報導

20 正如香奈兒首席設計師卡爾・拉格斐（Karl Lagerfeld）和H&M，德國名牌設計師
    吉爾・桑達（Jil Sander）攜手優衣庫的事例所見，不少國際級設計師都喜愛能確認
    自己的影響力，又能接近廣大消費群的大眾性合作項目

21 當時新品上市，平均銷售5000套，因此被視為「成功之作」（以黃金時段10點為
    準）

22 Vera Wang系列上市四年，定價21萬8000韓元（折合台幣約5000元）為準，佔
    Fidelia整體銷售額的40%以上

23 2014年，CJ O Shopping行動購物交易額超過6000億韓元（折合台幣約141億元）

24 「從2013年5％提升到2014年9％」，〈現在不再是「家庭」電視購物〉，金敏智
    （音譯），《E-Trend證券報告》，2013年11月19日報導

25 〈2014年趨勢〉，YTN《FM 94.5 金允京的生生經濟》，2014年12月26日報導

26 「百貨公司走入電腦，網路商城走出電腦……流通『On-Off』渠道的加速破壞」，
    《國民日報》，2015年2月13日報導

27 「電視購物業遭逢危機」，《經濟評論》，2016年3月29日網路版報導

夢想著韓流經濟

K-文化的導火線，MAMA和KCON

「從經濟角度來看，文化意味著價值。」
──法國社會學家索爾孟（Guy Sorman）

Background Story
關於MAMA的「誤解」

「全亞洲人都喜歡 K-POP 歌曲，我們去國外辦頒獎典禮怎麼樣？」

「Mnet 亞 洲 音 樂 大 獎」（Mnet Asian Music Awards，MAMA）頒獎典禮每年年底都會華麗地登上亞洲地區媒體頭條。MAMA 的前身是 CJ 音樂頻道「Mnet」的韓國國內音樂頒獎典禮，已有 10 多年歷史。2010 年，CJ 將頒獎典禮的舞台移往海洋另一端，不僅是大眾，就連業界人士也多半露出無可奈何的眼神。「為什麼我們要去別的國家參加我國的頒獎典禮？」、「錢很多嗎？」、「是不是太扯了？」事實上，在 CJ 經歷各種突破的漫長旅程後，去海外舉辦 MAMA 是最讓人摸不著頭緒的行動。

然而，情況在不知不覺間出現反轉，MAMA 變成了抬頭挺胸邁向國際的國際盛事。MAMA 在亞洲最大規模的音樂頒獎典禮

與慶典上站穩腳跟，對它的存在本身有疑慮的人現在已經不多了。

　　「現在不用解釋『為什麼』了。起先人人反對，現在個個改口說 CJ 有先見之明，有很好的反應。MAMA 現在是一個有高品牌價值的活動。」

—— CJ ENM Mnet 內容行銷組長鄭恩日（音譯）

　　來自各國的 1 萬多名觀眾在典禮現場坐了整整六個小時，有 6800 萬以上的人參加事前網路投票，其中韓國人占比不過 8.2%，不超過 10%。[1] 雖說 MAMA 外表光鮮亮麗，仍舊有人認為這不過是虛有其表的「漂亮的狗肉丸子」。重量級舞台、大規模宣傳活動和保全措施，還有免費提供典禮嘉賓的機票與住宿等，所有展現高水準活動的因素都擺脫不了「錢」，難免招來誤會。MAMA 的預算動輒數 10 億韓元上下，相當於一部電影的製作費，而且是花在一天性的活動上。

　　CJ 也早已預見辦 MAMA 的初期，荷包必然會大失血，儘管如此，CJ 仍堅定地向前推進，自有其道理。

韓流 2.0 時代的戰略平台

　　2000 年代後期，K-POP 時代來臨。《冬季戀歌》（겨울연가）及《大長今》等韓劇掀起韓流 1.0，隨後東方神起、少女時代、

BIGBANG、KARA 等偶像組合領軍的 K-POP 展開了韓流 2.0 時代。[2] 韓流不是專門因應「文化早期適應者」（Culture early adapter）的狂熱粉絲文化，而是正在成為亞洲的大眾文化。

為了近距離看見喜歡的明星，搭上飛往韓國的航班的熱血粉絲越來越多。韓流明星們也頻繁地出國進行海外表演或海外粉絲簽名會。CJ 關注著海外韓流粉絲們的需求，並開始思索用什麼內容能爽快地替海外粉絲解渴。來場眾星雲集，氣氛愉快的慶典怎麼樣？

CJ 早已有過舉辦慶典的經驗，那就是「MAMA」。MAMA 的起源可追溯到 1999 年的「Mnet 影像音樂大賞」、2000 年的「Mnet 音樂錄影帶節」和 2006 年的「Mnet KM 音樂節」（MKMF）。從名字更迭歷程可看出，CJ 企圖把這一次的活動培植成「節慶」，而非單純的頒獎典禮。[3] 一年年過去，MAMA 不僅成為連結音樂，同時連結電影、時尚與生活方式的擴張性內容。人們自然而然地認識了 MAMA 頒獎嘉賓的演員們的作品，明星嘉賓們的時尚打扮與妝容成為熱議焦點，人們加倍關注明星的一舉一動，連帶傳遞出韓國的生活風格。簡言之，MAMA 是一份充滿樂趣的「綜合大禮包」。

奧斯卡經濟，頒獎典禮經濟學

一場製作精良的頒獎典禮具有超群的影響力。以頒獎典禮的「始祖」，年年在洛杉磯舉辦的奧斯卡金像獎為例，其收益逼近 9000 萬美元（折合台幣約 20 億元）[4] 因為頒獎典禮只有一天，所以不用擔心像奧運一樣基礎設施用完後閒置，不過國際明星齊聚一堂共赴盛會，一樣能吸引龐大的視線。定期舉辦的奧斯卡金像獎確保了忠實粉絲，也奠定了超強品牌地位。此外，受惠於品牌力量誕生了「奧斯卡經濟」（Oscarnomics）一詞。[5]

CJ 決定將 MAMA 搬到海外。海外粉絲很少有在同一個場合近距離接觸眾多 K-POP 明星的機會。藉由這次機會，CJ 規劃了長期性策略。CJ 認為通過國際舞台，介紹才華洋溢的韓國新人有助展現韓國大眾音樂的廣度與深度。假如一切順利，未來海外粉絲不是因為某家公司的某位藝人，光「K-POP」的品牌就足以令他們悸動、狂熱。

「為了培養音樂產業的競爭力與擴充版圖，不僅是偶像，嘻哈、搖滾和獨立樂團也得增強實力才行。我們應該架一個平台，幫助他們能走向國際。這與電影產業是差不多的概念。為了推動

電影產業的整體發展，我們致力於多元發展，不只拍喜劇和電視劇，還拍了科幻票房大片，也製作過獨立電影。繼電影之後，現在 CJ 站在產業層面的品牌化大框架下，接近音樂內容。」

—— CJ ENM 內容部門申亨觀（音譯）常務

CJ 也考慮過善用頒獎典禮與節慶的綜合特性，引出海外粉絲對時尚、美容和飲食等韓國大眾文化多方面的需求。MAMA 算得上是鞏固 K-POP 地位與推廣 K- 文化（K-Culture）的優質平台。這個方向也契合了 CJ 一路以來致力追求的韓國文化產業全球化。

「讓全世界的人把『K- 文化』銘刻在心吧。」

夢想著
韓流經濟

　　CJ 並不是不考慮收益。CJ 不把 MAMA 當成宣傳 K-POP 的行銷手段，而是將它規劃成能持續創出收益的文化商品，從葛萊美獎（Grammy Award）與奧斯卡金像獎足窺其脈絡。CJ 堅信從長遠來看，充滿節慶氣氛的全球頒獎典禮將成為優質商業模式，因此這條路再難走也堅持走下去。若說 SM 娛樂或 YG 娛樂等韓國大型企劃公司，分別在挖掘與培育藝人的過程中發揮了超凡實力，那麼在建設系統和經營網路上，構築一個能讓藝人的附加價值提升到最大值的產業平台方面，CJ 強大的企業使命感也起到重要作用。

　　打從 CJ 進軍文化產業初期起，CJ 就懷著堅定的信念，由韓國領軍的亞洲文化，終有一日將打破以英美圈為中心的文化模式，擁有足以與其堂堂正正抗衡的競爭力。這也是為什麼 CJ 在

MAMA 前面掛上了「亞洲音樂大獎」的頭銜。MAMA 的第一個進軍地點是澳門。在找不到最合適場地的情況下，澳門算是擁有頒獎場地等穩健的基礎建設，並且較好找贊助商的地點。不管是從當時的情況，或是未來的需求來看，中華圈都是潛力最大的市場，澳門作為第一個據點再合適不過。2010 年 11 月 28 日，CJ 在澳門威尼斯人酒店舉行了 MAMA 典禮，共 13 國進行典禮現場直播，堪稱不錯的起步。

隔年，也就是 2011 年，MAMA 的舞台轉移到新加坡，版圖瞬間擴大，CJ 和全世界 20 個國家簽訂合約，通過電視與數位平台轉播典禮，可欣賞直播的觀眾人數高達 19 億人。非但典禮現場，YouTube、搜狐網（中國入口網站）等網路平台的網友也給予爆發性的關注。光線上觀眾數就超過 816 萬名，創下破紀錄的點擊數。

「MAMA 初期，我們得放低姿態尋求幫助，2011 年是一個轉捩點，局面逆轉，尋找合作夥伴也變得輕鬆多了。」
—— CJ ENM Mnet 內容部門製作 2CP 尹新惠（音譯）組長

2012 年，MAMA 充滿自信地前往亞洲娛樂中心香港，之後 MAMA 連續四年都在香港舉辦，地位一年比一年不同。2012 年，香港民營電視台龍頭老大暨地上波頻道「TVB」、中國最高收

視率的「湖南衛視」，及「福斯國際電視網」（FIC）等數一數二的傳媒企業共襄盛舉。時至 2013 年，大型傳媒企業「寰亞傳媒集團」成為共同製作公司。全世界 94 個國家轉播典禮實況，能實時觀看 MAMA 的觀眾人數規模成長到 24 億名。2014 年，CJ 和韓國中小企業廳與韓國大中小企業合作財團一起，支持本土中小企業走向國際，MAMA 作為文化產業平台的角色也得到強化。2015 年，MAMA 的「Tecart」（Tech＋Art）舞台，結合了前端科技技術與藝術表演，站穩了亞洲最大音樂節的地位。此外，MAMA 作為引領音樂產業發展的共贏平台，眼光長遠的 CJ 更加積極探求 MAMA 的進化。繼 2014 年之後，CJ 跨出有意義的步伐，像是：與聯合國教科文組織聯手，幫助貧困國家的失學少女，舉辦「少女教育營」（Girls' Education）；為了幫助韓國國內中小企業進軍海外而舉辦的四天「Pre-week」項目等等。

「向大地頭球」，MAMA 成長期

MAMA 初期的旅程並不順遂，儘管海外知名度不高，CJ 對具備創意性的導演能力和技術能力充滿信心，靠著在韓國國內累積的經驗與技巧為基礎行動的話，要前進不是難事，但實際遇到的現實是殘酷的。從舞台表演、大規模的宣傳活動、保安，替出席嘉賓提供免費航班與住宿、不在韓國本土而是移師海外舉辦需要大規模彩排的慶典，這對韓國資深製作團隊來說，也是「不可

能」的任務。出乎意料的障礙陸續出現，需要某樣道具，很難像在韓國一樣立刻能空運送到，還有每個國家有不同的表演限制，比方說：在香港，舞台不能使用火；在日本，不能扔東西到觀眾席上。

文化差異偶爾會引發事件。海外藝人對彩排的概念或活動流程的理解，各不相同，在正式登台演出之前，工作人員需要處理的事多到超乎想像。再加上，海外明星繁忙的國際日程，可能昨天人在歐洲，今天就飛南美，明天又到澳洲，負責藝人的製作人們日夜顛倒是基本的，在籌備典禮期間，不得不忍受時差變來變去的生活。

MAMA 的經營戰略，2030 團隊體制和國際合作

若說大規模音樂表演的成功與否，取決於藝人與製作人的「化學反應」並不為過。兩者分享對表演的創意，通過內容呈現結果的合作過程極其重要。MAMA 為此大膽打破了現有的節目製作方式，組成了藝人專案小組。藝人專案小組以「2030 世代」的年輕製作人為主軸，各自負責三到四位藝人。分組行動的方式，不管是在確認藝人的日程或推進當地舞台表演和活動，都容易了許多。

MAMA 製作團隊最煩惱的是，如何讓典禮具備國際活動的

風貌，以及讓大眾產生對 MAMA 的認同感。「不是單純把韓國本土音樂頒獎典禮搬到海外，為了成為實質意義上的國際慶典，我們得做什麼樣的改變才行呢？」MAMA 製作團隊表示：「我們在『合作』（Collaboration）裡找到了答案。」MAMA 決定把韓國代表歌手，與其他知名音樂人──不僅限於亞洲圈，也包含各大州，共同合作的罕見表演放入固定表演規劃中。2011 年，在新加坡舉辦的 MAMA 典禮，MAMA 邀請了嘻哈界傳奇人物 Dr.Dre、威廉（will.i.am）和史努比狗狗（Snoop Dogg），國際古典音樂界新興鋼琴家朗朗，與 2NE1、BEAST 等韓國明星們一起進行合作舞台。

　　MAMA 在 2013 年正式啟動大型項目，準備了世界級大師史提夫・汪達（Stevie Wonder）的舞台。MAMA 認為需要和通殺全年齡層的國際明星合作，MAMA 製作團隊多次出面說服史提夫・汪達，特別強調這會是一次「東西洋相遇」（East meets West）等級的音樂表演，最終史提夫・汪達對此宗旨產生共鳴，決定演出。史提夫・汪達和韓國女子團體 SISTAR 成員孝琳、香港明星郭富城的合作舞台，吸引了全世界音樂粉絲的視線。在橫跨東西洋的合作表演奠定 MAMA 特性的同時，韓國藝人認可 MAMA 是一個巨大的挑戰，也是一個前所未有的發展機會。

終於到了化解誤會的時候。MAMA 從 2014 年開始突破損益平衡點，距離它轉移舞台到海洋另一端，時隔五年總算洗清了「吃錢的河馬」的污名。MAMA 的門票銷售、廣告收益、贊助商展位、衍生效應等間、直接的經濟效益價值，估計約 300 億韓元（折合台幣約 7 億元），再加上 MAMA 和傳媒企業的聯合宣傳效果、隨著韓國工作人員的知名度提高而產生的海外僱傭效果、美容與時尚領域的中小企業產生進軍海外的機會等，綜合各方面而言，MAMA 的經濟效益高達 3500 億韓元（折合台幣約 80 億元）。

韓國音樂市場能奠定亞洲第一名的基礎，MAMA 居功厥偉，發揮了韓流強力傳播者的作用，足以自豪。不僅如此，MAMA 也彰顯了創造全球交流可持續平台的可能性，充分地起到以音樂為跳板，綜合體現多面向韓國文化的出口作用。隨著 MAMA 成功地站穩腳跟，CJ 將目光轉向更遼闊的地方，那就是美國。CJ 胸懷壯志，期許在掌控大眾文化的美國扎根，通過巨大的文化渠道，延續韓流內容的氣勢，繼續發展下去。2012 年年初，CJ 投入企劃階段，雖然憂心忡忡，不過該年夏天發行的韓國歌手 PSY 的《江南 Style》，以美國為中心席捲全球，增添了 CJ 的信心，最終 CJ 再次進行了莽撞的挑戰。

Case Study
哈佛MBA關注的「KCON」

　　「空間型內容」指的是以節慶、主題公園和博物館等沉浸式體驗為中心的內容。空間型內容是全世界的潮流。[6]即便韓國處於經濟不景氣，空間型內容仍享受著全盛期。[7]空間行內容人氣之高，印證了「體驗」的價值，開啟了「體厭經濟」（Experience Economy）時代。能近距離欣賞藝人們充滿活力的舞台的MAMA也可視為以體驗為中心的空間型內容。

　　如果想把一個活動栽培成在大眾心中根深蒂固的強大全球化品牌，需要非常強大的火車頭，像是遍佈各大洲的國際粉絲群、產業規模、內容企劃能力、有效的行銷戰略等等。不過，縱使萬事具備，但MAMA為了獲得知名度仍須忍耐。在MAMA的最終目標是成為全球典禮「亞洲的葛萊美」，在此旅程中，MAMA現在不過剛插上翅膀而已。不過MAMA藉由超越語言與國籍，引起普遍大眾共鳴的音樂，尤其是具有巨大的爆發力與

影響力的大眾音樂為媒介，MAMA 算是在很快的時間內實現了令人矚目的成就。

體驗經濟時代的共感行銷

詹姆斯・吉爾摩（James H. Gilmore）和約瑟夫・派恩（B. Joseph Pine II）是在千禧年的門檻上預測體驗經濟即將到來的主角。他們將父母慶祝孩子們的生日方式，作為經濟價值進化的比喻。在過去農耕社會，父母會直接生產麵粉、糖與奶油等做蛋糕的原料，替孩子做生日蛋糕，在經過工業化之後，他們會買專業品牌的蛋糕混合烤一烤，等到了服務經濟時，父母乾脆從喜歡的麵包店購買搭好蠟燭的現成蛋糕，最後步入 21 世紀，「永生難忘的生日派對」的客製化感人活動受到矚目，宣布進入「體驗時代」。詹姆斯・吉爾摩和約瑟夫・派恩主張，服務只能提供「無形效益」（Intangible Benefit），體驗卻能留下「值得記憶的情感」（Memorable Sensation），兩者存在意味深遠的差異。[8]

隨著所有事物和服務都用網路相連的物聯網時代，以及人們不管想像什麼都能用虛擬現實實現的網路時代到來，體驗的價值反而提高了。也許是因為無論任何東西都能輕易買到，或是能享有間接體驗，導致物品或服務能帶來的感動變得稀少。企業不會放過這個機會。企業意識到單純的商品、服務和體驗之間產生的

經濟價值差異，展開了「共鳴行銷」活動，就連賣一支鉛筆或一本筆記本，都費盡心思地添加經驗要素。

「美國國內大部分的 K-POP 消費者都是通過 YouTube 接觸到韓國大眾文化。為了舉辦能超越網路畫面，增加觀眾們投入度的活動，我們苦惱了許久。」[9]

——CJ ENM 美國營運長安潔拉 • 吉洛倫（Angela Killoren）

韓流文化盛典（KCON）是試圖結合演唱會與大型聚會的事例。KCON 的「K」是指「韓國的」，Con 是結合了演唱會（Concert）、內容（Contents）和大型展會（Convention）要素的雙關用語。如果說 MAMA 是演唱會型的頒獎典禮，那麼 KCON 就是舉辦在美國的融合型文化盛典。

不過 KCON 和 MAMA 一樣，一開始都承受了懷疑的眼光。因為 KCON 舉辦地點是「美國」。就連大部分的 CJ 員工都表示「非常困惑」。因為美國原本就是自身文化色彩濃厚的地方，是韓流存在感最微弱之地。「文化盛典這種形式是不是太陌生了？」、「在韓流粉絲比較多的亞洲地區舉辦會不會更有利？」，但 CJ 最高管理層並不這麼想。他們認為爆發力強大的體驗型內容，正面進攻大眾文化的心臟之地反而會更好。如果能將 K 文化在文化強國美國扎根，將會得到其他地區難以觸及的驚人爆發

傳播力。李在賢會長首肯了 KCON 的「美國行」。

在綜合格鬥中，著眼於雙向親密接觸

2012 年 10 月，位於美國加州爾灣康科特威訊無線露天廣場舉辦了一天的「KCON 2012」，作為試水溫之用。CJ 的預測命中了，當地粉絲的需求比預期得要大的。儘管 CJ 基於風險考量，並未大舉動員韓流明星參與盛事，卻取得了令人印象深刻的結果。近萬名當地粉絲湧入了 1 萬 2000 個座位的演出場地，也許是因為沒有濫發公關宣傳票之故，該次活動反應的純度非常高，能感受到粉絲們的聲援與熱情。

KCON 2012 能引發當地粉絲高度響應的主因是，CJ 提昇了體驗經濟價值成「親密接觸」。CJ 的啟發來自於美國 UFC 比賽。魁梧體格的格鬥選手和粉絲們手貼手打招呼，或是擺出「V」一起合照等各種親密接觸。CJ 從他們積極嘗試拉近與粉絲之間距離的模樣，捕捉到了反轉的價值。CJ 將其與 KCON 連接。在各大表演活動或頒獎典禮上，粉絲想和藝人有私下互動，幾近天方夜譚。相反地，在 KCON，粉絲與藝人的雙向交流是早早就被排入流程的活動。粉絲抓緊和藝人「往來」（Mingling）的機會，「擊掌」、親切問候、拍照和聊天。

遺憾的是，KCON 2012 雖得到出乎預期的熱烈反應，但第一年仍然迎來赤字虧損。之所以如此，是因為目標觀眾群是十幾

歲的青少年，所以票價不能訂太高，而且是沒有認知度的活動，CJ 花了很大的功夫尋找贊助商。總之，虧本的機率非常大，CJ 是不是該就此收手？還是繼續舉辦，當成是刺激韓流蓬勃發展的工具使用？誘惑著是加快腳步，將它拉拔成具有品牌價值的大型活動？

CJ 站在抉擇的十字路口，經過一番深思斟酌後，拿定主意繼續前行。以「創造利潤」為目標，CJ 變得更加果斷與積極。CJ 提高雙倍投資額，把 KCON 的舞台遷往加州心臟洛杉磯，活動日程從一天變成兩天，參加的藝人數也增加雙倍。

多采多姿的內容所產生的融合性綜效

KCON 拋出的大絕招是集結各種內容創造出的綜效。從 2013 年起，KCON 變成了人們能一起享受多采多姿的韓國文化內容綜合平台，從音樂、電影、美食、時尚、美妝和遊戲等，一應俱全。這種作法進一步強化了原本就廣受當地喜愛的 KCON 的優點。在 KCON 之前，音樂就是音樂，飲食文化就是飲食文化，所有的韓國內容都是「單一口味湯飯」，但在 KCON 可以一次享受到口味豐富的韓國文化內容。再者，同齡青少年之間碰面，能一整天進行有共鳴的對話，又能親眼見到傳播韓國文化訊息的主角。總而言之，KCON 是一個融合的場所，也是一個體驗的場所。

「融合的場所」，複合型盛典

複合式大型展會不再是枯燥乏味的商業場合，發展成了所有人能一起享受的盛典型態的聚會」，是全世界的趨勢。代表性的例子有：每年三月在美國德州奧斯汀舉辦的「西南偏南音樂節」（SXSW）。來自世界各地的 2000 多組音樂人主控了 90 多個演出場地，蔚為奇觀。據估計，西南偏南音樂節每年光是參加者人數超過 20 萬人。[10]

引領西南偏南音樂節取得飛躍性成功的要素是「融合」。不僅是音樂，西南偏南音樂節還融合了電影、遊戲、最先進科技等等。[11] 西南偏南音樂節白天在會議中心召開研討會，晚上在室內夜店舉辦名人和一般音樂人的表演。西南偏南音樂節用這種方式打破了法國坎城國際唱片展（MIDEM）的堡壘，邁向世界頂級音樂慶典，變成了全世界最大的音樂市場和文化內容商業平台，年年都達成大量交易。在西南偏南音樂節中舉行的展會（Convention）和秀展（Trade Show）分別超過 1 萬件。[12]

在 KCON 能做很多事。人們可以在 KCON 上親眼目睹韓國歌手 G-Dragon 和 IU 等，那些只能在電視節目或影片上才看得到的內容主角，也能在 KCON 向「一日導師」學習把內容運

用於日常的方法。舉例來說，教 K-POP 歌手跳舞的好萊塢舞蹈學院講師出馬教舞，或是韓式料理專業廚師傳授韓式拌飯料理法。從 2013 年開始播出的《On Style Beauty》美妝資訊節目，人們只要到他們經營的「Get it Beauty」攤位，就能向專業化妝師學習韓國明星的化妝技巧。KCON 受到了熱情的歡呼。

KCON 宣傳效果出乎預期地好，吸引到許多渴望與大眾接軌的企業。眾多企業在 KCON 現場擺設攤位，親自展示、販售自家商品。KCON 第一年僅 58 家企業參加，到了 2013 年激增到 85 家，2014 年更是增加近兩倍，達到 131 家。2014 年，KCON 以韓國本土優秀中小企業為中心，追加 4DX 電影院和遊戲環節，使「文化類型」的範圍變得更廣。觀眾也給予了回應。KCON 參加人數每年增加一倍，第一年為 1 萬多名入場觀眾，2013 年為 2 萬名，2014 年為 4 萬 3000 名，2015 年增加到 7 萬名。不同於過往，美國人對韓僑或亞洲人的慶典所帶有的有色眼光，KCON 的觀眾 90％以上是美國人，亞洲人未過半（以 2014 年為準）。除了奧運、世足盃等國際賽事之外，很少有文化活動能超越國籍，讓 3、4 萬人齊聚一堂。就這一點來看，KCON 實現了無價的成果，是以 KCON 無論在內容領域、參加人員的身分結構等各個方面都稱得上是「全球慶典」。

KCON 觀眾資料

年齡

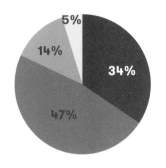

- ● 未滿18歲　● 18-24歲
- ● 25-34歲　　35-44歲

人種身分

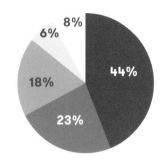

- ● 亞洲人　● 西裔美國人　　白種美國人
- 　非裔美國人　　○ 其他

*CJ ENM資料，2014年為準

KCON 的進化

	2012 年	2013 年	2014 年	2015 年	
	USA	USA	USA	Japan	USA
日期	10/13（1 天）	8/24~25（2 天）	8/9~10（2 天）	4/22（1 天）	LA：7/31~8/2（3 天）NY：8/8（1 天）
地點	美國加州爾灣康科特威訊無線露天廣場	美國洛杉磯紀念體育競技場	美國洛杉磯紀念體育競技場	日本埼玉超級競技場	LA：洛杉磯會議中心／洛杉磯斯台普斯中心NY：美國保得信大廈
訪客數	1 萬人	2 萬人	4 萬3000 人	1 萬5000 人	共 7.5 萬名（LA：5.8 萬人／NY：1.7 萬人）
參與企業	58 家	85 家	131 家	65 家	共 166 家（LA：126家／NY：40家）
節目數	20 個	45 個	122 個	11 個	共 150 個（LA：135 個／NY：15個）
參與嘉賓	72 名	87 名	125 名	42 名	共 227 名（LA：203 名／NY：24名）
參與藝人	共 10 組	共 11 組	共 10 組	共 14 組	共 13 組

「在上一代看來，真的是非常震驚的事情。50 多歲的白人觀眾吃著辣炒年糕，唱著韓國組合 Teen Top 的歌。更讓人驚訝的是，有 40％的觀眾從外地趕來加州，有觀眾帶女兒開了 20 小時的車過來。這和以往的 K-POP 表演相比，觀眾的參與度不一樣。」

—— CJ ENM Mnet 內容部門申型觀（音譯）常務

2015 年 3 月，KCON 在哈佛商學院（MBA）的研究案例中登場。這是史上頭一遭韓國文化內容被當成案例。CJ 縱使明知有預期風險，仍洞悉到大眾對韓國文化的潛在需求，其慧眼受到了哈佛商學院的高度評價。雖然 KCON 尚且稱不上「成功」或「圓滿結局」，只是一個年資尚淺的「現在進行式」慶典，但至少充分地證明了自身潛力。

KCON 從 2015 年起更加積極推動活動，走出加州，進軍紐約和東京，展開「膨脹策略」改為每年舉辦四次。MAMA 同樣也是懷抱雄心壯志，2015 年在香港舉辦，日後也有進軍中國內地的遠大目標。CJ 是否能在這趟旅程中，實現名為「KCON 經濟」（KCONomics）和「MAMA 經濟」（MAMAnomics）的夢想，還有待觀察。

超越「嫌韓流」的文化符碼

　　相較於影視等其他文化產品，音樂的敏感度較低，其優點是更自然地被吸收，少費點力就能跨越國境，散發出強烈的吸引力，能以愉悅的音樂形式，感受體驗經濟精髓的慶典的爆發力尤為強烈。從 CJ 推出全球化慶典的「K- 文化大長征」一帆風順中，也能窺見此一現象。

　　在今後的旅程中，CJ 會遇到的最大障礙可能是「嫌韓流」[13]。雖說內容過於一致，缺乏多樣性等的商品競爭力本身也可能是問題起因，不過正如韓流在日本本土遇到強烈逆風般，嫌韓流可能是因為各種利害關係所致。一國的文化熱潮要長存於其他文化圈，實屬不易。看看 1980 年代風靡韓國的香港電影現狀吧。在本書的前面也提到過，「香流」的全盛期撐不過一個世代。

　　實際上，韓流站穩地位的時間不久。1990 年代的喜劇電視劇《愛情是什麼》（*사랑이 뭐기래*）在中國央視（CCTV）獲得高人氣，是海外影集播放史的第二名。2000 年代的《冬季戀

歌》和《大長今》掀起巨大的旋風。K-POP 主導了創造現今韓流的引爆點，K-POP 中心是 SM 娛樂、YG 娛樂和 JYP 娛樂等三大企劃公司拉拔出來的偶像明星，而受益於數位文化的則是歌手 PSY。

　　從第一代、第二代的韓流發展到現在的階段，韓流走上了專業化道路。過去企業們猶如「各自戰鬥」型中介商，就像背起包袱的商人，獨自往來於中華圈，出售電視節目。此情此景不再，現在企業們正在攜手修築複雜的商業網。MAMA 和 KCON 都是此一過程中誕生的文化商品。就像系列電影或電視劇般，無論如何，具有堅強品牌實力的文化商品有著相對強悍的長壽潛力。

　　不過，打著國家與國籍旗號的行銷有一定的風險，有人擔心，在各國文化被美國化（Americanization）的時代，韓流可能會被視為另一種文化帝國主義。因為過度自我的文化中心主義如銅板的兩面，有可能反被其掣肘。韓流確實創造了新潮流，不過對於韓流過於自吹自捧，認為自己主導亞洲大眾文化的批判，韓國人仍需虛心傾聽。各國傳出「嫌韓流」，並暗中提高防禦力以保護自國文化的消息，時有耳聞，此一現象並非針對韓流，任何特定文化高掛「國籍」頭銜，會引發他國防禦本能是理所當然的。

　　K-POP 和 J-POP（日本大眾流行音樂）都是包含國籍的單詞。雖說全世界文化內容的 70％為美國所占 [14]，但美國內容沒

有貼上「美國」的國籍名號。美國企業不會說自己是美國品牌，這就是在無意識中占據強勢地位的美國「文化符碼」（Culture Code）力量。

倘若韓國文化產業想更進一步成長為全球文化的主軸之一，就應該要自然融入多元社會的文化符碼，在不刻意強調「K」的情況下，讓大眾看見韓流固有色彩。為此，韓國個別文化產品的品牌化過程是不可或缺的。意思是，人們可能記得 Lady Gaga，但不會刻意記住她的國籍。同理，與其高喊「韓國的」，韓國企業更應探索和當地文化交流和融合的方法。不全球化的全球化是不存在的。

MAMA 和 KCON 雖然都處於成長趨勢，卻也需摸索進化之道。MAMA 作為亞洲娛樂的核心，必須站穩腳跟，目前 MAMA 仍側重於 K-POP，應將現有格局提升至泛亞洲水準才行。[15]

KCON 也一樣。KCON 要想穩固全球盛典的地位，就得成為不單是 K- 文化愛好者，而是每個文化愛好者都能享受，國籍不著痕跡的無國籍文化品牌。因此，往後 KCON 應不分國籍地讓更多領域的藝人和企業共襄盛舉。不同團體的交流，結合彼此的力量，能產生所謂的「梅迪奇效應」（Medici Effect）[16]。

「未來的我們有必要重新思考『K』的含意，說不定在某個時刻它反會成為制約。」[17]

1　參考資料：MAMA 2015年官網投票網站

2　《韓流本色》（한류본색），每日經濟韓流本色項目組著

3　2009年更名為MAMA

4　以2012年，美國電影藝術與科學學院（AMPAS）施行調查結果為準

5　「2013年奧斯卡最佳女主角獎得主珍妮佛‧勞倫斯（Jennifer Lawrence）的禮服價格要價4300萬韓元（折合台幣約100萬）。」，《中央日報》，2014年3月1日報導

6　《空間型內容》（공간형 콘텐츠），太志浩（音譯）著

7　「根據韓國文化體育觀光部的調查結果顯示，自2009年到2013年，五年來，韓國表演設備的銷售額增加了80%。」，〈表演設備銷售額首次突破4000億韓元……五年內增加80%〉，《News 1》，2015年3月6日網路報導

8　〈Welcome to the Experience Economy〉，《HBR》7、8月號，1998年報導

9　〈CJ E&M: Creating a K-Culture in the U.S.〉，《HBS Case》，2014年12月22日報導

10　〈炒熱美國西南偏南音樂節的K-POP觀眾的大團結「狂熱舞台」〉，《東亞日報》，2015年3月23日網路報導

11　「西南偏南音樂節起源於1987年的獨立音樂慶典，到了1990年代與2000年代分別拓展到電影業與科技產業，擴大了規模。」，〈動員所有K-POP明星的集會盛典CJ KCON，撼動文化王國LA。〉，《DBR》141期，2013年11月報導

12　《慶典企劃的真相》（축제기획의 실제），朴俊鑫（音譯）著

13　嫌韓流是一種文化現象，源自於日本漢字，也就是排韓、厭惡韓流

14　《文化內容的文化符碼》（문화콘텐츠와 문화코드），朴寸完（音譯）、金坪秀（音譯）合著

15　實際上，MAMA的目標是構築覆蓋全亞洲的音樂網路，為實現此目標，每年都在逐漸擴大海外獎項，「亞洲最佳藝人獎」──中國、日本、泰國、印度、新加坡和越南中年度最活躍的藝人獎項，就是代表性例子

16　指將不同的思想、觀念和文化聯繫在一起，能爆發出全新的想法

17　〈CJ E&M: Creating a K-Culture in the U.S.〉，《HBS Case》，2015年1月報導

擄獲口味才是文化的完成

名為「飲食」的大眾文化

人類作為社會的存在，欲望是無限的。儘管能吃下去的食物量和消化器官的消化量有限，不過我們的飲食文化體系是無限的。
——《消費社會》（*La société de consommation*），尚・布希亞（Jean Baudrillard）

Background Story
反映變化的日常飯桌

「告訴我你吃了什麼,那麼我就能告訴你,你是怎樣的人。」被譽為世紀美食家薩瓦蘭（Jean Anthelme Brillat-Savarin）在兩百年前說過這種話。[1] 薩瓦蘭是一名法國法官,也是真正的美食禮讚論者,對營養學有極深的造詣,但其實在這本書中隱含著階級意識。因為在那個年代,忍飢受餓是常態,享用美食是資產階級獨享的特權。

20 世紀的飲食條件變得更富足,又出現了另一句名言:「人如其食」（You are what you eat）![2] 這也是美國營養學家維克多・林達（Victor Lindlahr）在 1940 年出版的書的書名。這句話乍聽之下和薩瓦蘭的發言差不多,但實際上隱含對大眾飲食習慣的擔憂。維克多・林達因垃圾食物（Junk Food）等劣質食物而患病,從而相信飲食生活會支配健康。

在 21 世紀,食物也許不會再被刻意貼上產地的標籤,或強

調有哪些有益健康的養分。在許多國家裡，飲食已經成為大眾喜愛的日常「文化」。紐約名專欄作家亞當・高普尼克（Adam Gopnik）曾自問：「食物會構成我們自身的定義嗎？」他也給出了更加貼近現實，更具有說服力的答案──飲食不會限定「我」是怎樣的，而是定義「我」。[3] 他也表示，隨著環境和精緻飲食等飲食生活的想法變多，選擇食物的餘地變大，人們的飲食喜好變得更加挑剔。

飲食在韓國也投入了大眾的懷抱，最近強力虜獲大韓民國人心的是簡單美味又愉快的飲食。韓國街道上有許許多多的咖啡廳，多到韓國有了「咖啡共和國」的外號。甜點咖啡廳比任何時候都來得盛行，韓式自助餐的人氣也不遑多讓，即便下午臨時起意造訪，也經常是大排長龍。打開電視，電視頻道幾乎被吃美食的「吃播」和烹調美食的節目「煮播」佔領。關於「慢活」、「麥片」和「橄欖油」等飲食主題的書與雜誌不斷湧現。韓國全國或世界各地的美食旅遊節目也正享受著史無前例的最高人氣。薩瓦蘭如果看到這樣的景象，恐怕也會嘖嘖稱奇。

圍繞著餐桌的變化，招喚新需求

飲食和人類的日常是密不可分的。但如果不僅把食物當作溫飽求生的東西，而是替生活增加光澤的「樂趣」，那就是另一回事了。在支配日常價值觀的本身發生變化的前提下，我們才能從

享受飲食的角度去看待飲食生活，而此一變化與「生活品質」有密切關係。正如越來越多人把興趣愛好掛在嘴邊，這種變化需要社會、經濟等的多面向基礎才能實現。韓國人民在 1970 和 1980 年代還在高舉「好好生活」旗幟，展開新村運動（由韓國政府主導，扶植農民進行的農村改革運動），大眾飲食習慣被提及的時間不長是理所當然的。白糖被裝在禮盒裡出售，香蕉受到「飄洋過海」奢侈進口食物待遇的時期是真實存在的。

　　韓國社會直到 1990 年代初中期才產生變化。當時，韓國國民所得逼近 1 萬美元（折合台幣約 28 萬元），生活品質提高，隨著都市化，雙薪家庭和小家庭數量增加，餐桌上的風景自然變得不同。人們對方便、快速的生活方式需求增加，在家裡「同吃一鍋飯」的景象變得珍貴少見，餐飲業的蓬勃發展充分地說明這種變化。餐飲業在 1988 年的產業規模為 6 兆 5000 億韓元（折合台幣約 1500 億元），到了 1994 年增為 18 兆韓元（折合台幣約 4200 億元）。[4] 家庭對最新款微波爐的需求大增，誕生了辛奇（泡菜）冰箱等前所未有的人氣商品。

　　人們對日常飲食生活的需求也變得不同，對飲食品質和味道變得更挑剔，卻又不想花太多時間和精神在料理與擺設餐桌上。換言之，要好吃，也要方便。即使人們對待飲食的態度改變了，但很少看見能反映出變化後的日常需求的食物。

　　CJ 作為擁有 40 年內功的食品企業，看得出這種變化中的空

隙。CJ 自 1953 年起從糖與麵粉起家（當時為第一製糖），從 1960 年代的青黃不接期，到 1970 到 1980 年代的高度成長期，是經歷過生活變遷史的企業。隨著經濟成長與文化的發展，CJ 不斷地觀察著圍繞在飲食生活的風景產生了多大的變化。無論如何，CJ 看得出帶動此一變化的主要因素，看待食品產業的眼光變得更加銳利。CJ 清楚現在不能再把食物單純當成裹腹或強打味道的商品。食物不僅能幫助調節生活速度與節奏，甚至擁有左右消費者滿足度的潛力。CJ 擺脫了韓國人的飲食生活只是為求溫飽的傳統思維，切身感受到從根本改變的必要性。從前就有人說過，一國國運取決於該國的飲食方式。[5]

「我們能否超越飲食生活，
進而改變飲食文化？」

擄獲口味
才是文化的完成

　　靠一首熱門歌曲或 Rap 就能奠定嘻哈音樂界的地位；蝸牛霜等從未聽過的商品，在一夕之間就能變成「人氣商品」。然而，要擄獲大眾的舌頭沒那麼簡單。韓國大眾是在 1990 年代接觸到義大利麵，但把它列入家常菜已經是 10 多年後的事。過去幾年隨著甜點文化引領風潮，馬卡龍也變得熱門，專家表示馬卡龍在韓國國內打下根基花了足足 15 年。自古以來，飲食不能只靠美味，因為還得考慮在地的文化，並融入當地，外加上聰明的故事行銷。[6]

　　飲食文化處於文化的末端，改變大眾長久以來的口味，讓全新的飲食文化融入大眾的日常，不只是一項困難的工作，同時也

是文化的最後一塊拼圖碎片，必須耗時良久。然而，一旦飲食文化穩住陣腳，它就不會是轉瞬即逝的流行文化，不易動搖和長久的韌性是飲食文化的魅力之一。CJ 超過半世紀都是大韓民國飲食文化的軸心之一，它比任何人要更清楚這種等待的美學。因此，飲食生活不是只涉及吃，為了讓飲食文化成為伴隨愉悅與便利性的文化，CJ 循序漸進地實現改革家庭餐桌的遠大目標。CJ 重新打造長壽品牌，分食調味料市場，正是展現其強大內功的代表事例，也在大韓民國食品行銷史上繪下濃墨重彩的一筆。

替調味料注入感性

提起調味料，絕對不能少的國民調味料「大喜大」。大喜大是韓國半個世紀長的食品業史上累積深厚內功的果實。大喜大其名來自於 CJ 公司內部的好名徵集活動，在 1975 年以複合式調味料首次登場。它改變了韓國調味料市場原有模式，將化學調味料「味精」逼下冠軍寶座。[7]CJ 看準消費者需求，集中精力開發，能兼顧滿足韓國人口味的空虛感與料理便利性的調味料，大喜大正是其研究成果。

大喜大打出的經典廣告台詞「沒錯，就是這個味道」，其行銷策略之革新程度，可說是改變食品品牌歷史也不為過。大喜大以「故鄉滋味」為主題，勾起消費者的鄉愁。大喜大不但抓住了消費者的口味，還具有強烈的洗腦效果。實際上，大喜大並不是

任何人的家鄉滋味，卻一面靠故鄉的「概念」成功實現了「味道象徵化」，一面超越廣告層面，創造出「味道文化」。大喜大是以文化接近消費者需求，而非食品的最初事例。另外，在大喜大邊與味精展開激烈競爭，邊迎來了確保國際級發酵技術地位的契機。從各種方面來說，大喜大不僅是單純的調味料。

大喜大初次亮相至今已超過 40 年，無論大喜大有多抓住大眾口味，經過半個世紀的歲月，大喜大作為長壽食品，要持續穩坐冠軍寶座並不容易。大眾飲食文化隨著時代的潮流變化而改變是當然的。大喜大也有過危機。2000 年代掀起的健康（Well-being）風潮打擊了調味料市場。有人擔心身體是否會為食用複合調味料付出沈重的代價。

CJ 謀求對策以守護大喜大，其目的不只是為了解燃眉之急。在過去，複合調味料不是僅為了增添美味的「必要之惡」[8]CJ 打算突出這項特質，強調大喜大有資格再次成為人們愉快和便利生活的同伴。CJ 積極展開長期的升級工作。繼讓新婚夫妻（做麵疙瘩給加班回家的妻子吃的先生）登場，充滿現代情懷廣告之後，CJ 活用超市櫃檯，提供購物客人食譜（Recipe）卡，展開了全方位活動。

與此同時，CJ 也不斷地培養大喜大的商品多樣性，起先推出牛肉和鰻魚的基本口味，後來創新口味，陸續推出蛤蠣口味（1980 年代），黃金升級版（1990 年代）、白鰻魚口味（2000

年代），以及添加有機材料的「純」口味（2000 年代中期），口味多樣化。[9] 在大喜大迎接 40 週年之際，也就是 2015 年，CJ 又推出另一個希望之星「大喜大料理手」醬汁。

是因為 CJ 的厚實內功和柔軟變身，使得這份努力開始發光了嗎？近來大喜大的市佔率高達約 82％。[10] 另外，大眾認知也有了正面的變化。

「最近的認知正在改變，越來越多人喜歡自己下廚。演員車勝元在料理綜藝節目《一日三餐》中，自然地放入大喜大做菜的模樣，也起到了正面效果。雖非本意，不過這種綜效似乎是具有多種文化內容的企業長處之一。」

——CJ 第一製糖食品行銷大喜大組安慧善（音譯）部長

米飯文化的革新「Hetbahn」：
從非日常飲食到日常飲食

「米飯」是人類日常中最為根深蒂固的食物。受惠於現代文明，微波爐取代昔日的爐灶，電子飯鍋取代了大鐵鍋的位置，唯獨數千年流傳的「米飯」文化仍堅守原位。不知道從何時起，人們因為時間有限，很難花時間在做飯上。CJ 認為靠著米飯的力量生活的韓國人需要能簡單解決一餐的簡便食品，是以致力於打造即食飯品牌「Hetbahn」（헷반）。過去，人們連即時飯的概

念都很陌生，現在就像大喜大一樣，在 CJ 的努力下，即時飯成為了普遍名詞。

Hetbahn 和大喜大都是讓韓國人的日常發生巨大改變的「品類殺手」（Category Killer）[11]CJ 在 1989 年開發 Hetbahn，不過因為一直做不出想要的味道和品質，所以實際上市是在七年後。

儘管耗時良久，不過 CJ 最終還是研究出兼具出色口味和口感的「無菌即食飯」，毅然決然地投入 100 億韓元（折合台幣約 2 億 3000 萬元）的設備資金，於 1996 年年底，韓國國內首次推出無菌即食飯「Hetbahn」。[12]

Hetbahn 標榜「不用米、水和飯鍋做的飯」，就這一點來看，解救了許多人於做飯的無形枷鎖，Hetbahn 是名副其實的創新性商品。然而，大眾並沒有即時給予反應。雖然 Hetbahn 靠品質獲得壓倒性的市場佔有率，但即食飯的市場規模本身不易擴大。這是某種程度能預期到的事。因為有名為「媽媽做的飯」的強大競爭者。

當時即食飯被認為是，家裡米突然用光，或是出門玩時能派上用場的「應急糧食」。實際上，CJ 也採用「偶爾吃 Hetbahn 也不賴」的方式接近消費者。隨著獨居族和週末夫妻等一人家庭的增加，即食飯站穩腳步，成為讓家庭生活更方便的「值得感恩的方便食品」。2005 年，Hetbahn 銷售量突破 5000 萬個，比第一年的銷售量增長了約 10 倍。CJ 從 2000 年中期確定了市場方

向。Hetbahn 在 2008 年打出廣告口號，「媽媽們，不用感到抱歉。即食飯做得很好，你們不用抱歉也沒關係。」在 2010 年之後，CJ 果敢地以「一天內做好的飯」、「比米飯更好吃的飯，Hetbahn」傳遞出 Hetbahn 超越媽媽做的飯的訊息。

「從 2000 年中期開始，Hetbahn 變成了一種飲食文化，奠定了基礎。它不再是非日常飲食，而是日常飲食之一。這和最近的變化差不多，以前人們根本無法想像要花錢買水、買醬料。是因為我們花了 10 年的時間，展望未來的趨勢，鍥而不捨地投資，打造出市場，這件事才變得有可能。」

——CJ 第一製糖食品行銷本部長李尚求（音譯）常務

革新家庭餐桌的 Hetbahn，10 年後，Hetbahn 文化又會有何進展？CJ 展望到的未來關鍵詞是「健康的一餐」。已成為一種飲食文化的 Hetbahn，其目標是成為美味簡單，又富營養價值的食品，獲得成為正餐的資格。因此，最近 Hetbahn 主打健康路線，從 2015 年年初開始，除了原有的六種口味雜穀飯之外，計劃追加放入小扁豆、藜麥等「超級食物」（Superfood）的新產品，逐漸增加健康食品的比重。與此同時，為了讓 Hetbahn 向馬蹄菜飯、咖哩飯看齊，不用搭配其他小菜也足以解決一頓，CJ 著重在讓 Hetbahn 能扛得起解決「一餐」（One meal）[13] 的

重責大任。

　　正如在家做飯的偏見消失般，從一道菜搞定一餐的方式，如果更加進化成「杯飯」型態，說不定又會產生另一種飲食文化。

真正的好滋味的秘訣，技巧

　　Hetbahn 貌似莽撞的行銷策略，其實背後有創新技術的自信當靠山。[14] 當競爭對手進入市場威脅到 CJ 時，比起降價尋求突破口，CJ 把籌碼「全押」在 Hetbahn 的美味上。為了體現韓國人渴望的飯香與軟黏米飯口感，CJ 對韓國全國的米進行深入調查，也研究了人氣美食餐廳的米飯滋味。再者，CJ 不是拿已經搗好的白米，而是拿來未搗狀態的米粒，建構「親自搗米」系統。2006 年和 2010 年分別建構了三日與一日搗米系統，讓米飯的美味更上一層樓。Hetbahn 光是 2015 年一年的銷售量就創下突破 2 億個的紀錄，累計總銷售量超過 11 億個。

本土餐飲品牌，不光有可能，而是將之實現

　　如果說 Hetbahn 或大喜大替「家裡」的飲食文化注入變化，同一時期，「家外」的餐飲業也吹起了改變的風。主角正是「家庭連鎖餐廳」。這是因應人們收入平均水平提高和飲食文化西化

造成的結果。1990 年代中期，像是 TGI Friday 餐廳、龐德羅莎牛排館，時時樂及 Denny's 家庭連鎖餐廳等，外國家庭餐廳大舉進軍韓國，競爭激烈到如果說「每過一棟建築物就有一間家庭餐廳」也不為過。從前以漢堡、披薩為中心的西餐菜色多出了牛排、海鮮和麵類料理，變得多元。

1994 年年初，CJ 與日本雲雀餐飲集團攜手合作，旗下「Skylark 加州風洋食館」跨出餐飲業的第一步。時隔三年，CJ 不改野心，再次推出新的品牌。1997 年，CJ 首次推出不用支付品牌專利權的韓國本土家庭牛排館「VIPS」。就像先前在娛樂產業與夢工廠攜手合作般，CJ 藉助過去餐飲專門企業 Skylar 簽訂的技術合約，和豐富的工廠經營經驗為基礎所磨練出的實力，開發出符合「韓國人口味」的餐飲品牌，就這一點來說，相當有趣。

當時家庭西餐廳是喜愛「西餐」的年輕人喜愛造訪的新興熱門地點，反之，「老人家」覺得尷尬，不愛上門。VIPS 希望能符合「家庭餐廳」名稱，打造出一個「為了家人的飲食空間」，非但年輕世代，就連中、老年人也能毫無壓力地光顧。CJ 苦思之後，終於施展了殺手鐧——韓國大眾還很陌生的「沙拉吧」。新鮮的蔬果不在話下，還有在一般餐廳很難品嚐到的菜色，如鮭魚、蝦等等，是主打健康的自助餐廳。與此同時，VIPS 不負「本土」之名，牛排被改造成符合韓國文化的料理。為了開發符

合韓國人口味的料理，VIPS 對每一道工序傾注心血，不管是不同部位的烹飪法，或發酵過程，或各種醬料等等，甚至為了突顯味道，設置了直火碳烤廚房系統。2005 年，VIPS 為業界最初導入 100%冷藏牛排，以提高品質競爭力，2010 年，VIPS 試圖變身成「高級牛排館」，在炙熱的平底鍋中翻煎一兩次的平底鍋（Pan-frying）烹飪法，在業界首次亮相。使用此一烹飪法的「No.1 牛排」至今仍堅守 VIPS 的暢銷料理寶座。

VIPS 強調素食和肉食的完美結合，考慮到韓國人的口味與喜好，這份多方面的努力結出了「世代共鳴」的果實。不知不覺之間，VIPS 變成學生和主婦們喜愛光顧的平日「聚會地點」，到了週末變成家人們喜歡一起造訪的地方。最終，VIPS 在 2010 年超越外國品牌，成為韓國國內第一名家庭連鎖餐廳。VIPS 的崛起變成了契機，而後不僅是 VIPS，其他韓國本土餐飲品牌也陸續嶄露頭角。

不僅如此，VIPS 還是 CJ 能站穩餐飲業腳步的根基。VIPS 累積近 20 年的 R&D 力量和多家連鎖店經營經驗，成為 CJ 成長為國際化餐飲專門企業的契機。在 VIPS 的成功之後，CJ「必品閣」旗下陣容龐大，有許多自主開發的韓國本土品牌，如：bibigo、多樂之日等等，在海外 10 國設立了 250 多家賣場，身先士卒地促進「韓式料理世界化」。

「說不定直接引進知名海外品牌，按他們既有的方式經營會更容易，但是我們認為我們能靠自己的力量打造出成熟的韓國本土品牌。很難說起步期是不是得投入更多時間與精力，但從長遠看，打造出符合韓國人口味和情懷的品牌更有勝算。」

——CJ 必品閣 VIPS 事業部全正滿（音譯）部長

餐飲文化體驗的究極「CJ Food World」

「一家公司旗下擁有如此多的品牌，就這一點來說，真的令人很驚訝。我覺得 CJ 是很擅長創造品牌與品牌之間的綜效的企業。」

——英國明星主廚傑米 · 奧利佛（Jamie Oliver）

一般而言，企業總公司的佈置方式會呈現該集團的特色，建築物內外部都會向外來訪客傳達特定訊息，總公司也是替員工打造的象徵性空間。假如說 CJ 是生活風格型企業，那麼公司空間也應該要具備能刺激人們本能和好奇心的要素。「在總公司設置一個融合圍繞食物的故事與文化的空間如何？」

這個時代的消費者消費的不僅是單純的食材和西餐廳的菜色。從挑選食材開始，充滿特色的料理方式、享受料理的方式、

用餐場所，到餐具和用餐氣氛，都是蘊含著龐大故事的文化商品。消費者選餐廳時，不是選吃東西的地方，而是選能體現自我生活方式的地方，因此 CJ 構想出「CJ Food World」——一個蘊含現今飲食文化精髓的空間。

2010 年 11 月，CJ 成立了七家公司共同參與的複合化 TF 組，包　括「Olive Young」、「CJ Freshway」、「CJ Foodville」、「第一製糖」、「CJ N-City」、「CJ 建設」與控股公司。經過八個月的準備，2011 年 7 月，CJ Food World 在 CJ 第一製糖中心開幕，CJ Food World 作為 CJ 綜合餐飲文化空間，「第一製麵所」、「VIPS 漢堡」、「A Twosome Place 咖啡廳」、「China Factory」等 CJ 的 17 家餐飲品牌相繼進駐地下一樓和一樓大廳，1400 百坪總面積，1100 個總座位數。

從開幕到 2014 年，CJ Food World 的總造訪客數約達 1000 萬人次，值得注意的是，比起開幕初期，外來訪客和外國人的比重明顯增加。儘管在初期，CJ 第一製糖公司內部員工們的使用率較高，不過「在 CJ Food World 能體驗飲食文化的一切」的消息，經口耳相傳後，不僅是附近的上班族與居民，也增加了不少遠道而來的顧客。另外，這裡也成為了外國人經常造訪的熱門觀光景點。從 2012 年開始，CJ Foodville 不僅在韓國本土，也邁出了在中國北京的第一步，馬不停蹄地向國際化推進。

2030 世代最先尋找的韓式料理

假如說 VIPS 引領了沙拉吧與牛排的大眾化，創造了新的餐飲文化，那麼最近掀起新的餐飲潮流的主角就是真正的道地「韓式料理」。CJ 旗下餐廳「季節餐桌」（2013 年開幕）就是代表性選手之一。「季節餐桌」融入 VIPS 的沙拉吧，與強調韓式料理品牌的特點，創造了「韓式料理家庭餐廳」的全新餐飲類別，受到大眾的青睞。此後，韓式料理餐廳「Olbban」（新世界）與「自然別曲」（E-Land）等的後續選手陸續登場，掀起了「韓食大捷」（指韓式料理之間的大戰）的浪潮。

季節餐桌是從多個方面動搖餐飲文化模式的「事件」。過去不是沒有過自助餐風格的韓式料理餐廳，但沒有過企業與「農家共贏」的品牌。季節餐桌發掘韓國本土稀有食材，用豐盛的自助餐形式呈現當季最美味又健康的食物。即便季節餐桌不強調此一概念，全世界本就關注地區農產品「食物里程」（Food mile）（指消費者與食物原產地之間的距離，里程數越高，該食材就越不新鮮）和「從農場到餐桌」（Farm-to-table）（直接向農家購入食材，烹調後送上桌）。季節餐桌令大眾感受到這個時代的魅力與新穎。另外，從前韓國本土企業心急於追趕全球化潮流，現在已將其消化成「韓式」，創造出全新趨勢。季節餐桌可看成是韓國本土企業在這段期間積累力量的證據。

「我們原本想的不是『韓式料理家庭餐廳』，是『亞洲燒烤廚房』，以燒烤類料理為主餐，韓式料理是配菜。不過我們進行市場調查，分析顧客需求，得出了「健康」與「安全」為餐廳基本要素的結論，必須是韓國土地上培植的食材，用韓國人的料理方法烹飪出的韓式道地料理。最後季節餐桌以韓式家庭料理的模樣登場了，菜單是由燒烤、涼拌、煎餅、湯、拌飯等的韓式料理所組成。我們發掘韓國本土食材，做成料理，自然而然地增加了和韓國國內農民的接觸，也知道了農家的可貴和他們的困境，我們從那時候開始正式構築和農民『共贏』的結構。」

── CJ Foodville 季節餐桌事業部李尚烈（音譯）部長

　　韓式料理自助餐的熱潮，成為了韓式料理再次受到大眾關注的轉機。事實上，在季節餐桌一類的自助餐餐廳登場之前，韓式料理是餐飲文化中受到排斥的項目。儘管韓國有許多不樸素的「小餐廳」，卻鮮見不分世代，受到廣泛大眾喜愛的韓式料理餐廳。雖然有韓式套餐餐廳，但在大眾認知中，那是得故作斯文，需要擺排場時才去的地方，因此年輕人通常很反感。韓式料理餐飲市場分成兩類，要不就是約 6 到 7000 韓元（折合台幣約 140 到 165 元）韓式家庭自助餐，或是高級韓式套餐。在這種情況下，季節餐桌既合韓國人口味，又順應健康生活趨勢。季節餐桌作為享受韓式料理的空間，廣受 30 多歲到 40 多歲的主婦，以及年

輕人的喜愛。[15] 現在，在韓式料理自助餐餐廳前大排長龍等候的大學生們的模樣，不再是陌生的景象。繼 VIPS 之後，韓式料理又一次引起世代共鳴。

Case Study
「bibigo」的韓式料理之路

　　包含韓國在內，不是只有東洋圈才對美食文化感興趣。「如何讓安全健康的食品能永續發展」是地球村共同熱門議題。在過去的 20 年，西方環繞著食物展開的熱烈討論，自不用多說，而在社會文化層面，西方也積極地推動飲食改革運動，像是慢食、能作為食材活用的校園田地、各種素食主義，還有哲學家彼得・辛格（Peter Singer）等人引領的倫理活動等等。10 多年來在歐洲活動的呂美英（音譯）設計顧問表示：「自進入 21 世紀以來，在衣、食、住文化中，飲食文化的變化是最大的。現時歐美地區從健康、設計、藝術、經濟價值與社會意識等，多角度地關注著飲食文化。」

　　特別值得關注的是，當前的飲食文化比任何時候都來得寬容大肚。保守性強的飲食文化，從最固執的年代慢慢地蛻變著，無論東西方都展現出吸收「改革」的包容性的面貌。這種趨勢和全

球化相互呼應，各國具有本國特色（Ethnic）食物受到矚目，整體全球飲食文化呈現出更加開放的面貌。不僅如此，食物和電視劇或音樂等其他文化內容結合，逐漸步上「融合型內容」的趨勢。

規模最大的融合型飲食文化內容的，當數義大利米蘭於2015年舉辦的「2015年世界博覽會」，為期六個月（5月1日至10月31日）。儘管米蘭素有時尚與設計之都的稱號，但2015年世界博覽會的焦點卻是「食物」。該屆博覽會以「滋養地球，生命的能源」（Feeding the Planet, Energy for Life）為主題，共145國參與，入場參觀人數超過2000萬人次。

義大利賭上歐洲的自尊心，傾盡心力籌備米蘭世博會，不過出乎所有人預期，韓國館竟然以黑馬之姿登場。有230萬人造訪韓國館。主因之一是韓國食物熱潮。韓國食物蘊含了和諧、發酵及智慧。韓國館展示了這一點的同時，也提出了將韓國食物作為未來美食的替代方案。韓國館配合展示主題，備好了以現代方式詮釋韓式餐桌，上面擺有包含辛奇（泡菜）、醬料、拌飯在內的韓國代表食物及其他加工食品。

起先，人們對韓式餐桌不感興趣。但經造訪過韓國館的參觀者和記者之間口耳相傳，讚不絕口地稱「韓國食物是蘊含發酵智慧的最佳食物」與「韓式餐桌是世博會最棒的餐桌」。在世博會代表「韓式料理之路」的面孔是韓國人都很熟悉的品牌，那就是CJ代表品牌「bibigo」。在世博會舉辦期間，有20萬參觀者在

bibigo 的攤位品嚐了韓式料理。CJ 原本預計每天訪客數為 200 名至 300 名之間，豈料一個月後，每天平均訪客數超過 700 人，日均人數最高曾達 1600 人。尤其是利用 bibigo 辛奇產品做成的「燉辛奇湯」大排長龍，獲得爆發性人氣。接觸過這道料理的人們讚嘆不已，甚至米蘭世博會官網上有過這樣的介紹——「湯上漂浮的豆腐有著絕佳的風味，和辛辣的辛奇是絕妙組合。只要吃過一次辛奇，就不可能不吃第二次。」

bibigo 的漣漪效應還不差，據說越來越多在世博會接觸到韓式料理的義大利本地人（據說韓國館參觀者有 80％是義大利人），會造訪米蘭當地的韓國餐廳。實際上，米蘭世博會韓國館以參觀者為對象進行過問卷調查，調查結果顯示，針對「造訪韓國館之後會向其他人推薦韓式料理」一題，89％的人給予肯定答案。在對祖國文化引以為傲並熱愛的義大利，韓式料理能有如此魅力，極其罕見。這意味著 CJ 的準備充足，CJ 將湯、沙拉與主餐放在同一個盤子裡，製作出乾淨又簡便的主題料理。CJ 空運當地的新鮮食材，使做出來的料理風味盡可能地接近道地韓式料理，也對義大利當地員工進行特別教育訓練。自 CJ 推出 bibigo 品牌以來，在海外累積的竅門和經營經驗，碰上了名為「美食博覽會」的機會，在絕妙的時機開始發光發熱。[16]

韓版麥當勞，bibigo

「我們從 10 幾年前懷抱著韓式料理會紅的信念，投入了韓
式料理業。經過這段時間的努力，韓式料理的全球化才剛開始。
我們相信 10 年後韓式料理會成為全球主要飲食文化類別之一，
而 bibigo 將成為『韓版麥當勞』。」

——CJ 集團會長李在賢（發表於 2013 年 3 月，
濟州島「Onlyone Fair」員工教育訓練）

　　CJ 自 1990 年代中期起就持續地打造文化產業，認為飲食文
化是一種完整的文化內容，其具有持續力，並具有高度潛力成為
和其他韓流文化產生融合效應的全球性內容。bibigo 背負這種期
待與期許，擔任了韓流飲食先鋒一角。作為加工食品的 bibigo，
除了在韓式料理固有的傳統上加上現代價值之外，更超越了外
食，成為在家庭裡也能輕鬆享用韓式料理的第一個國際韓式料理
品牌。「bibigo」一名結合了韓文中的「拌」（bibida）和「外帶」
（to go）。CJ 原本預想將 bibigo 打造成健康方便的拌飯餐廳品
牌（2010 年 5 月光化門一號店），2010 年年底，CJ 集團整合成
全球韓食品牌「bibigo」。在那之後，CJ 經營的海外韓式料理
餐廳和加工食品全都套用了 bibigo 的品牌名稱。[17]
　　CJ 的目標是「把 bibigo 變成像麥當勞一樣」，換言之，CJ

有心把韓國飲食文化散播到全世界，讓優秀的韓國飲食文化變得像西方速食（但是蘊含更健康的哲學在內），把「K文化」發揚光大，使之成為全球文化商品。

「雖然聽起來是老掉牙的論調，但CJ的具體目標並非韓式料理的全球化，而是韓國飲食文化的全球化。比起韓式烤肉、韓式拌飯等韓國各式料理，CJ想自然地宣揚韓式料理中蘊含的故事、精神與歷史，讓韓國飲食文化滲透到人們的日常生活中。因為CJ的食物裡融入了K-文化的精粹。」

——CJ Foodville國際事業部金燦浩（音譯）部長

　　首先，出發的信號還不錯。米蘭的韓式料理風潮儘管還處於起步階段，不過2015年的世博成為其萌芽之契機，而另一座歐洲城市倫敦的韓式料理風潮多年來順風航行中。倫敦具有300多種語言聚匯的多元文化特性，在歐洲被喻為飲食文化天堂。多虧英國本土飲食文化發展不順（？），反倒使倫敦變成了海納世界各國飲食文化的城市。在這座亞洲美食盛行的城市中，韓式創意料理（Fusion）餐廳「辛奇」在霍本設立的一號店，走摩登風格的韓式餐廳「珍珠」等等，大受歡迎。CJ在2012年倫敦市區蘇活區開了bibigo一號店，走的是休閒晚餐風格，連續三年被載入米其林指南中。2015年年初CJ順勢在倫敦安吉爾區開了二

號店。

隨著韓式料理的風潮竄起，最近餐飲企業與投資者對韓式料理生意表現出前所未見的關注（實際上聽說珍珠和辛奇都有外商投資）。

「餐飲業不是單純吃喝的事業，因為可以同時進軍其他產業，包括食品、觀光和文化等等，這些也都是新世代經濟成長的原動力。因此，真正的韓式料理全球化必須要能讓把韓國文化推廣到全世界。」[18]

——CJ Foodville 英國法人代表朴鎬英（音譯）

韓式料理「現代」全球化的艱鉅任務

為了實現最終目標——推廣韓國飲食文化，CJ 事先得做好預備功課當後盾。那就是韓式料理現代全球化。這項課題需要滿足三項需求：細心、深厚內功與戰術。首先要用現代的方法詮釋韓式料理；具備標準化系統讓味道統一；提高衛生標準；配合當地飲食文化口味，「重新設計」（Redesign）的多角度作業。舉例來說，先考慮韓國飲食文化的核心要素，如米飯、醬料、辛奇等，如果想讓這些食物上升到飲食文化的層次，米飯不能只是用來配菜吃，要足以背負起主食的重擔才行[19]，要不然就該像成為融入日常，不可或缺的人氣主食般，成為最恰當的配料。

作為東方品牌，用本國傳統食品在國際成功打出名號的有：日本醬油公司「龜甲萬」與以蠔油商品出名的中國「李錦記」。這兩個品牌的共通點是，它們都在日本和中國飲食在國外普遍化之前，早早展開本土化與規格化的戰略，分別替本國飲食文化打先鋒，替日式料理與中式料理國際化做出了巨大貢獻。[20] 結果，在產業規模最大的美國，龜甲萬佔有 60％ 的醬油市場，李錦記佔有 90％ 的蠔油市場。[21] 另外，以日式料理為例，日式料理塑造了健康簡便的飲食文化形象，在本國飲食文化強勢的西歐等地區也大獲成功。

在此，我們要關注的另一個共同分母是，無論是蠔油或醬油，都不是靠著「單一」產品獲得人氣的事實。變得日常的中式料理和壽司文化，像是外帶菜單上常見的炒麵或炒飯，在全球各地落地生根，連帶醬料受到歡迎。這與麥當勞和番茄醬，三明治和美乃滋的共生關係是類似的。韓式料理全球化也是同理。假如韓式拌飯和韓式家常套餐文化無法深植當地的日常飲食生活中，就別期待韓式辣椒醬和辛奇能暢銷。

從 CJ 策劃 bibigo 的方式能理解這種本土化邏輯。CJ 的經營策略是，先將餐廳和加工食品合併成同一品牌，目的是能自然而然地拓寬海外大眾的口味範圍，不再對韓式料理感到陌生。海外大眾通過在餐廳品嚐食物，累積經驗，慢慢地對韓式料理產生好感，之後願意在家裡使用同一品牌的加工食品。這一切都是

CJ 所做的鋪墊。

　　CJ 縝密地策劃了，無論從哪一個角度考慮商品，在現代人的日常中，人人都能毫無壓力地，方便接觸到的商品。在現有的 bibigo 餐廳中，在韓國國內分成普通餐廳和現代人的休閒用餐（Casual Dining Restaurant, CDR）餐廳，在海外則像麥當勞一樣，消費者能按自己喜好組合的快速下單（Quick Service Restaurant, QSR）餐廳。為了讓消費者無論去到哪裡，都能嚐到一樣的味道，CJ 採用了專用米飯和醬汁，還能根據口味選擇配料。

　　在加工食品方面，CJ 也是利用徹底符合當地生活方式的內容和結構決一勝負，舉例來說，bibigo 的主打商品之一餃子，在美國食品市場創造了全新的食品類型「K-餃子」（K-Mandu），成功地點燃韓式料理全球化的火苗。CJ 靠著兼具美味、健康和便利性的差別化商品特性為先鋒，抓住了消費者的心，接著在美國成立工廠，開發符合當地人口味的商品等等，CJ 以徹底的本土化戰略為基礎的攻擊性投資發揮了效用。

　　「我們有明確的理由選擇餃子作為主打產品，因為現在還有很多國家對外出吃韓式料理感到陌生，如果延續到在家做韓式加工食品，一定得花很長的時間。但是以美國為首的地球村在內，餃子已經是到處可見的食物，所以我們認為餃子最適合成為全球

全球Top 4餐飲業實績變化（2010～2014）

單位：億韓元

企業別		2010	2011	2012	2013	2014
麥當勞	銷售額	281,677	315,970	322,533	328,840	321,059
	營業利潤	87,434	99,801	100,678	102,538	93,003
百勝餐飲集團	銷售額	132,713	147,724	159,506	153,082	155,364
	營業利潤	20,697	21,235	26,839	21,036	18,216
星巴克	銷售額	125,271	136,890	155,610	174,236	192,441
	營業利潤	16,602	20,229	23,364	3,802	36,047
達登餐飲公司	銷售額	83,222	87,750	62,325	57,575	73,546
	營業利潤	4,761	5,592	4,153	3,205	2,035
四大企業平均	銷售額	155,721	172,083	174,993	178,433	185,602
	營業利潤	32,373	36,714	38,759	32,645	37,325
	營業利潤率	21%	21%	22%	18%	20%

*各企業年度報告，匯率以美元兌韓元1170元為

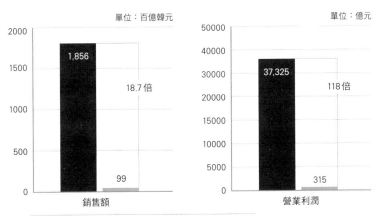

單位：百億韓元

單位：億元

■ 全球餐飲TOP 4大企業2014年實績平均值
■ 韓國國內代表餐飲TOP 4大企業2014年實績平均值

*韓國金融委員會dart資料
2014年實績平均值為準

主導飲食文化的全球食品企業的事業規模，通常比人們預想得要大，最明顯的例子是麥當勞和星巴克分別靠漢堡文化與咖啡文化，成長為銷售額高達數 10 億韓元的企業。而兩家企業的營業利潤率都是穩定的兩位數，這一點也值得關注，充分地體現了持續成長與高收益結構，並不是人人稱羨的高科技企業才能擁有的專屬物。

化商品。除了餃子之外，韓國代表食物辛奇和韓式醬料等也打下國際品牌的基礎，將為推動韓式料理文化出一份力。」

——CJ 第一製糖食品行銷 HMR 組張賢雅（音譯）部長

受益於這一種全球化戰略，bibigo 餃子成為了美國餃子市場的二當家。儘管美國餃子市場規模本身不大，但考慮到陌生品牌食品要想獲得大眾的好感，從成功到深植日常之中也需要很長的時間。bibigo 餃子實現的成果相當鼓舞人心。CJ 將餐廳和加工食品合併成一個品牌，從多層次角度接近消費者，CJ 靠著這種

必品閣加工食品銷售額成長趨勢

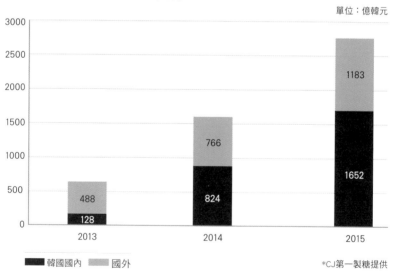

單位：億韓元

韓國國內　國外

*CJ第一製糖提供

方式，在 bibigo 餃子上綻放光芒。無論是 bibigo 辛奇或其他的
bibigo 食品，有沒有有效地擴散到其他商品圈，是衡量全球化食
品業者成敗的最重要關鍵。

描繪全新的韓國飲食文化經濟吧

　　在 CJ 全球化戰略品牌的名單上，除了 bibigo 之外，還有麵包品牌「多樂之日」、連鎖咖啡廳 A Twosome Place 與牛排店 VIPS。[22] 儘管這些品牌使用了現代化詮釋和現代化裝置，不過基本上仍是具有傳統韓式料理 DNA 的品牌，CJ 到底會如何利用麵包、牛排和咖啡等西方飲食，又會畫出怎樣的全球發展路線圖呢？

　　在此，我們似乎需要評估一下韓國飲食文化的界線在哪裡。有些飲食和韓國飲食文化混在一起，成為了新的文化。炸醬麵和咖哩就是如此。雖說在韓國的代表性中式料理是炸醬麵，但中國不少人不知道這件事。在第一道咖哩料理問世的時候大為盛行，甚至也帶紅了日式咖哩。如此看來，炸醬麵和咖哩究竟是哪國的料理？

　　「我認為炸醬麵是韓式料理。至於咖哩，雖然也有印度咖哩，不過也有日式咖哩。」CJ 李在賢會長在某次與經營高層見

面的座談會上，親口回答過這個問題。關鍵不在誰第一次做出來，關鍵是如何將其變形，以生活方式內容販售，連國籍都能改掉的。他又補充道：「那麼披薩是哪一國的料理呢？當然是義大利，可是必勝客是哪一國企業？塔可鐘又是哪一國的呢？」

　　必勝客和塔可鐘都是美國數一數二的品牌。披薩和塔可餅分別是義大利和墨西哥的代表食品，但就產業層面來看，是美國企業引領這兩種食物的全球化，才能產出可觀的效益。以上兩者案例，不是從逆向思維的角度，而是被餐飲業界（F&B）史上認證過，具有「他國」強勢 DNA 的食物反向出口到海外的事例。眾所皆知，星巴克創始人霍華 · 舒茲（Howard Schultz）會長從某次米蘭旅行途中造訪的義式濃縮咖啡咖啡廳獲得靈感，創造了國際巨頭企業。義大利、巴西、哥倫比亞和印度尼西亞分別自稱是咖啡的始祖，卻沒能栽培出如星巴克般的強大品牌。至於人氣火爆的膠囊咖啡又是如何？瑞士連一顆咖啡豆都生產不出，卻是世界第五大咖啡出口國，而瑞士跨國企業雀巢公司推出的膠囊咖啡品牌「奈斯派索」（Nespresso）和「多趣酷思」（Dolce Gusto）不是正主導著整個膠囊咖啡市場嗎？[23]

　　有些全球化食品甚至不明來歷，但沒人在意這件事，舉例來說，史丹佛大學教授任韶堂（Dan Jurafsky）在著作《餐桌上的語言學家》（*Language of Food*）中主張，番茄醬的起源來自中國福建省使用的發酵魚露。另外，在韓國知名度飆升的章魚燒，

雖然源自於法國地方城市，但在日本更受大眾喜愛，才進化成現在我們知道的模樣。

bibigo 的代表性食品餃子，如要追溯其起源，也不是正統的韓國食物。不過，bibigo 的餃子和皮厚的中國餃子不一樣，相當地薄透，嚼的時候會有種「餡料充實」的口感。韓國人和歐美國家的麵包喜好明顯不同。因此，以多樂之日領軍的韓國烘焙品牌推出的紅豆麵包、糯米甜甜圈等零食麵包，和少油、清淡卻吃起來很無趣的歐式麵包不同，更符合東方人喜好。不僅如此，VIPS 也不是傳統牛排館。VIPS 同時經營著提供剛出爐的手工披薩和米線的「現做廚房」（Live Kitchen），與能享受米飯料理的「米飯區」（Rice Zone）等等，足以被稱為「韓式家庭連鎖餐廳品牌」。

越來越多人享受韓式料理，對韓國文化產生好感，CJ 認為韓式品牌有絕對夠格在西方料理類別中獲得認可。因為不管是哪一國的飲食文化都是沒有限制的。[24]

但是，因為飲食文化沒有國境線，加上只要創造出飲食文化，人人都能有享有所有權，所以不是誰都能輕鬆成為麥當勞或星巴克，不，就連麥當勞也無法擺脫餐飲業界的「緩慢美學」。以 2014 年為準，麥當勞的年銷售額逼近 30 兆韓元（折合台幣約 7000 億元），對此引以自豪的麥當勞心懷雄心壯志地投資速食餐廳品牌「奇波雷墨西哥燒烤」（Chipotle）。奇波雷主打的

是墨西哥捲餅和塔可餅等，在消費者的呼應下，於 1998 年獲得麥當勞的投資，麥當勞變成了它的股東。奇波雷原先就是高人氣品牌，雖然麥當勞股份占比不大，但仍舊是一名強大的後援軍。奇波雷看似前途不可限量，實際情況卻不如此。幾年過去，奇波雷仍舊赤字虧損，麥當勞每年投資超過 1000 億韓元（折合台幣約 23 億元），到最後麥當勞的持股率提高到了 90%，累積投資金額達到 4000 億韓元（折合台幣約 90 億元）。[25]

　　奇波雷終於在 2004 年轉虧為盈，開始獲利，並在 2006 年通過公開募股（IPO）籌集大量資金渠道，麥當勞得以回收過去的投資金。目前，奇波雷大動作進軍歐美市場，迅速成為人人「崇拜」（Wannabe）全球化品牌。不過距離麥當勞成為後援軍也已過了六年，奇波雷才實現盈利，到它徹底賺回本金，共花了八年的時間。像這樣，縱使有麥當勞這種「金主」進行投資，想在飲食文化領域拉拔出一個全球化品牌，絕非易事。因為比起一次性的大手筆投資，更重要的是能持續投資的長遠後台。這就是為什麼 CJ 走在「沒有界限」的韓式料理道路上，絕對不能失去耐力的原因。

1　《美味的饗宴》（*Physiologie du Gout*），薩瓦蘭著
2　「維基百科」，維克多・林達（Victor Lindlahr）
3　《吃，為什麼重要？》（*The Table Comes First*），亞當・高普尼克著

4　引用自《CJ集團60週年公司沿革》

5　《美味的饗宴》（*Physiologie du Gout*），薩瓦蘭著

6　《甜蜜的媚惑，日常的小奢侈》，《風格朝鮮》，2014年12月號報導

7　大喜大不同於義大利麵和馬卡龍，並不是新的飲食習慣，也不是新的味道，只是增添食物鮮味的調味料，是以不需要給人們適應的時間，很快地就站穩腳步。對韓國人來說，湯類料理是不可或缺的家常菜，但當年的環境不允許天天都能喝到牛肉湯，所以大喜大特別重要

8　「美國食品藥品管理局（FDA）與世界衛生組織（WHO）在1995年的共同研究與調查結果顯示，L-麩酸鈉.（MSG）是吃一輩子都很安全的食品添加劑。」，〈L-麩酸鈉.（MSG）對人體無害〉，出自美國食品藥品管理局141期期刊，2014年3月號報導

9　《30歲的「大喜大」的昨日今朝》，Heraldcorp，2005年11月9日報導

10　以市調機構「LinkAztec」2014年資料為準

11　指大型零售商專業經營某一特定類商品，該商品物美價廉，導致販售同類商品的小型商店難成敵手。上述兩個品牌都像普遍名詞一樣，無人不曉，也都兼具品牌價值與先驅者形象

12　「包含Hetbahn在內的即食飯，其專業用語叫「商品飯」。1993年，韓國食品業以千一商品為首，推出了炒飯、香料飯等各種型態的冷凍米飯。1995年，用高溫殺菌方式製作而成的商品上市。無論是咀嚼起來的滋味、口感和飯粒黏度，CJ的無菌即食飯都被評價為最優秀商品。」，《藉由品類殺手開拓新市場的Hetbahn，從非日常飲食跳躍至日常飲食》，《DBR》93期，2011年報導

13　又稱為家庭取代餐（Home Meal Replacement, HMR），只需簡單加熱，就能在家方便食用。家庭取代餐是事先料理過一次的食品，目前市面上有炒飯、義大利麵、辣牛肉湯和排骨湯等各種菜色

14　「Hetbahn可被視為符合德國學家君特・威格曼（Gunter Wiegelmann）主張的實力——反映一個社會處於經濟繁榮期，因飲食相關的技巧革新，而使特定食物擴散到整個社會。」，《飲食人文學》（음식인문학），朱英夏（音譯）著

15　季節餐桌隨時按季節，更新韓國本土食材所做的菜色，主打健康飯桌風格，這一點不僅符合健康（Well-being）潮流，也蘊含與農民攜手合作，創造雙贏的意義。再者，一名成人約1到2萬韓元（折合台幣約230到470元）的合理價格也是其魅力之一。每個月一號是接受當月預約的日子，每到那一天，預約季節餐桌的用餐電話就響不停

16　〈迷上「韓式料理」的歐洲……投資者也感興趣〉，《韓經商業》1041期，2015年11月18日報導

17　bibigo人氣暴紅，品牌價值也受到肯定。bibigo和Haechandle辣椒醬、Hetbahn和大喜大一樣，CJ根據食物類別與特性替bibigo品牌起名時，考慮到外國人無法理解的韓文發音和名字意義而命名，在韓國國內也使用同樣的品牌名

18　〈迷上「韓式料理」的歐洲……投資者也感興趣〉，《韓經商業》1041期，2015年11月18日報導

19 由於歐美沒有「米飯」文化，歐美大眾就算吃飯類料理，也會認為應該要能解決一餐（One meal），就像咖哩飯、炒飯一樣。bibigo的方針是製作出能解決一餐的國際化商品

20 包括壽司或炒飯在內，日式料理和中式料理都發展成能以套餐形式簡單解決一餐的一流料理，替全球人氣打下了基礎。醬油和蠔油就像是日式料理和中式料理的「死黨」，有重要的象徵性

21 《傳統食品產業化、全球化，與大企業的作用》，CJ經營研究所，2011年7月28日

22 A Twosome Place、多樂之日、VIPS和bibigo組成了CJ Foodville的「四角戰隊」。CJ Foodville從2005年開始，以中、美為中心進軍海外，以2015年3月為準，在海外共設有221家分店（多樂之日173家、A Twosome Place14家、bibigo14家、其他18家和VIPS 2家）。CJ Foodville的代表性全球事業是「多樂之日」，韓國國內共有1300多家，海外則是150多家（中國70家、東南亞與美國等），CJ的目標是到2020為止，達成海外1600家到2000家

23 《包容飲食的國家擁有「所有權」》，《朝鮮日報》，2015年5月7日網路報導

24 其實，多樂之日和巴黎貝甜等韓國烘焙品牌在中國擁有廣大人氣

25 麥當勞奇波雷年度報告書

結 語

　　被譽為「國民電視劇」的《請回答1988》在收播之際，「找出正牌老公」成為了熱門話題，有很多媽媽都在唸沒出嫁的女兒：「你有沒有這麼認真找自己的老公？」雖然這只是玩笑話，但是許多人都在關注雙男主角中，究竟誰會成為女主角德善的老公。猜對了又不會給錢，也不會送年糕，也不會影響到生死存亡，為什麼大眾這麼熱衷這件事？

　　從人生的重量看來，文化商品的魅力在於讓人們把力氣放在一些雞毛蒜皮的小事上。正如大眾文化史學者唐納德・薩松（Donald Sassoon）所言，文化產物能被用於多種目的上，但純以功能上來看，它能獲得高度評價，是因為它能幫助人們度過愉快的時間。大家都清楚「應八」的故事情節都是虛構的，不過電視劇卻有著力讓人們像碰到實際情況一樣，生氣、興奮和入戲的力量。對大眾來說，這種「愉快的入戲」才是最有用又最珍貴的

價值，特別是從許多人共鳴中凝聚的價值所產生的能量，會驚人地飆升，變成一種社會現象。

有時，那份價值會超越國際、種族、語言和宗教的高牆，促成人們的交流。我想分享一些我個人的經驗。2010 年，我和一位台灣好友一起看南非世界盃足球賽「韓國隊對希臘隊」的轉播，雖然對方是我的好友，卻不願意替韓國隊加油。誰知道某一天，那位朋友打給我，說迷上了韓劇《來自星星的你》，後來那位朋友來首爾玩四天，每天都狂買韓國食物和韓國化妝品。還有，我在留學時期有和不熟的中國同學一起喝燒酒的經驗，契機是那位同學最喜歡的電影是韓國電影《殺人回憶》（살인의 추억）。不僅如此，我去蘇格蘭尼斯湖旅行的時候，碰到一位 K-POP 忠實印度少女粉絲，她只是因為聽說我來自韓國，就對我非常友善。最近要是去倫敦，「bibigo」或「辛奇」這類的餐廳裡也都是外國客人。

「文化」具有任何外交使節都無法跨越的柔軟說服力與轉化能力，這也是為什麼它被認為是主導 21 世紀「軟實力」的主軸。不過，大多數人眼紅的文化產業，其周遭圍繞的力學結構出現了意義深遠的變化徵兆。其中之一是網路終於動用了「深度媒體」（Deep Media）這一個綽號的力量（因為投入度高而有此稱呼）。舉例來說，亞馬遜繼影集之後正式投入電影製作；Netflix 負責製作與發行過去在東、西方都獲得成功的電影《臥虎藏龍》續集

《臥虎藏龍 2》；Netflix 也同時宣布投資 5000 萬美元（折合台幣約 13 億元）給奉俊昊導演的作品《玉子》。

就算不是傳統的娛樂強者，已經在自家公司平台上擁有數千萬潛在客戶的企業們，在內容色彩上各有千秋之餘，兼備鮮明的共同分母。在把作品上映電影院和在上架串流媒體方面，他們走的是相同路線，兩者的時間不會差太多，或是索性同步上映。這些企業的目的是將大眾引入「串流媒體」，而非電視或電影院。全球串流媒體市場呈現快速成長趨勢，以 2014 年的統計數據（PwC）為準，據推算全球串流媒體市場總額超過了 82 億美元（折合台幣約 2200 億元），給了內容產業的新選手們一臂之力。LEON 娛樂旗下擁有 360 萬付費會員的韓國第一音源平台「Melon」，而 Kakao 卻用超出其年收益額的兩倍，即 1 兆 8700 億韓元（折合台幣約 430 億元）收購了 LEON 娛樂，這不正是全球串流媒體市場溢價處於擴張階段的證據嗎？處於全球化潮流的大眾文化就這樣輕鬆地摧毀了行業與行業之間、平台與平台之間的界限，用誰也無法輕率預測的方式展開了「內容大戰」。

至於 CJ，這個完全出人意表的「新手」躍身參戰。它甚至不像亞馬遜或 Netflix 那樣，原本就是串流服務行業，而是從糖與麵粉起家的食品製造業，試圖轉型成媒體與內容企業，這種情況極為鮮見。再者，CJ 是處於「產業」的框架下，開拓不毛之地的開創市場型企業。儘管時至今日，有人替 CJ 貼上了「戲劇

性」（Dramatic）的形容詞，或是熱衷討論 CJ 事業群之間的「綜效」，但實際上，親身經歷過 20 多年前情況的人並不是這樣說的。製造業和內容產業完全是兩個世界。CJ ENM 經營支援室崔道成（音譯）常務表示：「製造業有明確的指南，因果關係也很明確，但內容產業沒有明確的行動章法，就算承襲過往熱門作品的作法也無法保證賣座。」

可是，兩者還是有一個重要的共同點，那就是要經常讀懂「消費者」和趨勢。想研究大眾挑剔的「口味」時，就得深入了解消費者的想法和需求。吃的樂趣、看的樂趣與感受上的樂趣是否相通？我認為 CJ，好麗友（東洋集團）和樂天集團等各大食品企業會涉足韓國娛樂事業，並非偶然。「文化」此一關鍵詞貫穿了 CJ，對創造出 CJ 積極的整體品牌形象作出貢獻。過去一度被當成「醜小鴨」的娛樂業，現在成了對食品業有正向影響的存在。過去的人會驚訝地說「製糖公司拍電影」，但最近年輕人反而會說「我以為 CJ 只拍電影和電視劇，沒想到還做吃的」，真讓人有隔世之感。

CJ 累積了 20 融合力量能否在海外舞台起作用，仍是未知數。游向更廣闊的大海是企業的本能，但對市場規模相對小的國家，這同時也是關乎成長，不，是關乎生存的最重要課題。對於自稱是「內容創意者」的 CJ 來說，「全球化」是一個夢想的同時，也是不得已的選擇。時機看起來不差。有人會說 CJ 改變了近期

的文化內容產業版圖，也有人說是「新興國家的文化正在崛起」。某位往返於 30 國國家，專研這一個領域的法國資深記者列舉出一些新興經濟體，包括中國、印度和巴西在內，認為這些國家有望對抗現今美國模式主導的「主流」（恰好讓人聯想起 BRICs 的名單也說明了「市場規模」對所有產業機制的重要性）。

當然，這並不意味「不發達國家」會輸。知名文化產業專家們判斷，無論投資方或製作方是誰，就像美國賣座大片和暢銷作品會獲得越來越多的力量一樣，作為主流的美國，按理說，它引領大眾文化的力量也會越來越強，但未來美國不會再是唯一的支配國。資本和平台本就是糾纏不清的關係，在網路改變內容型態與產業結構的這個時代下，「區分國籍」沒有太大意義。這個生態系統基本上就是企業的戰場。企業彷彿纏成一團的毛線球般，在複雜多變的時局下，為了消化蘊藏著內容創造者靈魂的內容，努力地打造平台，也為了創出耀眼的內容，死守與培植各自的平台，有時不惜展開「與敵共枕」的無止盡競爭。

在我寫這本書的時候，他們展開了比預期還要激烈的火花對決，這讓我既暈眩又高興。我們消費文化的方式取決於市場，喜歡也好，討厭也罷，企業的存在感和其扮演的角色都發揮著重大的作用。但是，在所有概念也許都必須被重新詮釋的數位時代中，許多企業苦苦掙扎，不願被淘汰出局，我在想也許這對包含我在內的大眾是有利的。在現今的大眾消費社會中，文化內容占

據了大多數人的日常中心地位，具有高附加價值的文化產業也自然而然轉移至經濟中心。在所有界限崩塌的時刻，如果企業為了虜獲難搞的大眾的心而展開激烈競爭，是不是會出現更加多采多姿，又兼具多文化要素的高競爭力文化內容？如此一來，大眾的選擇權也會跟著變大。

其實，在技術被複製與大量傳播的 20 之後，才出現了具有說服力的，真正意義上的「大眾文化」。不是有人說 19 初期的貴族或官吏，在文化富裕程度，遠遠不及現今的平凡主婦或學生嗎？因為古人無法隨心所欲地上網看遠在非洲的搖滾明星直播表演，或是在房間裡戴耳機欣賞已逝指揮家卡拉揚的專輯。因此，有人稱呼奠定技術革新基礎的 20 是「偉大的世紀」。偉大的歷史學家艾瑞克・霍布斯邦（Eric Hobsbawm）預測，21 將成為「文化混種」的時代。在這個時代，人們不再受限於時間與空間的距離，可自由移動與移居，不同的文化相互融合，在此過程中，當然會形成經歷反覆融合的「混種內容」。

我不久前和一名古巴裔美國藝術家見面，來到首爾的他表示他覺得首爾融合了傳統與現代，還有一些與韓國無關的要素。他表示這種「看似無邏輯」的融合反而產生了「吸引力」。就像基因學上，異種交配能實現不同物種間的優良基因重組一樣，不同的思維和不同的文化之間的「偶然碰撞」能誕下創意產物。這給 CJ 領軍的內容企業帶來了巨大的啟示（我們在討論美國或英

國的文化內容競爭力時，不也一定會提到「多元化」嗎？）。同理，套用韓國前文化部長李御寧的話，產出「拌飯」等混和料理的韓國飲食文化，具有能和全世界任何文化融合的「灰色地帶」（Gray zone）特性，只是偶然也好，我們需要能促使「優秀突變」出現的系統、平台與環境。建構與進化這種有形與無形的「基礎」，正是韓國企業要扮演的角色，也是韓國企業的競爭力。

同時，企業也能被看成是一種文化，一種生活方式與一種生存方式。CJ 是不是得依賴長久累積的經驗和訣竅為基礎，不斷地發揮脫軌的想像力，像過去一樣不斷地蛻皮，才得以成就這段旅程呢？我們唯一能肯定的是，儘管 CJ 扛起重責大任，和國際內容企業展開了無限競爭的夢想與挑戰，但在 CJ 進軍文化產業的 20 年間裡，它跨越了各式各樣的界限，在無數次的接合與接軌經驗而累積了痂皮，也是不爭的事實。我們可期待 CJ 憑藉這份內功與意志為基礎，在 21 世紀的全球文化版圖中，成為足以引起創造性變革的「變種」。CJ 的動態備受關注的原因就是，CJ 的志向能使我們的日常生活變得更豐富，讓更多人的才華開出美麗的花朵。因為文化內容是一個挑剔但卻具有價值的領域，如果缺乏和大眾的交流，就必然遭到淘汰。況且，圍繞著這塊迷人土地的權力結構，恰好比任何時候都要充滿活力。

CJ集團文化產業20年歷程

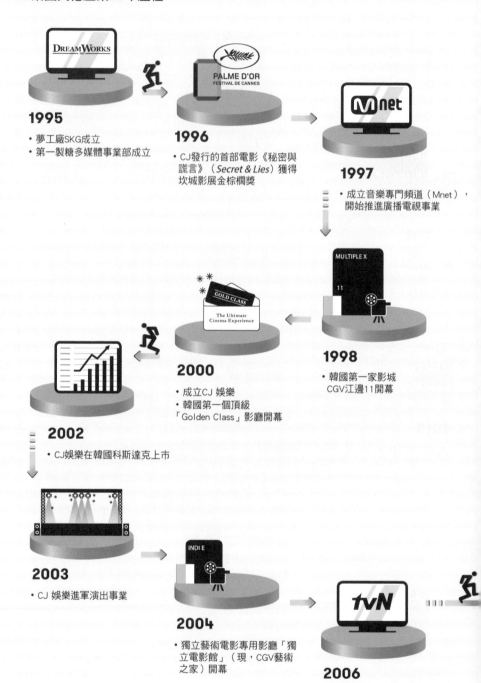

1995
- 夢工廠SKG成立
- 第一製糖多媒體事業部成立

1996
- CJ發行的首部電影《秘密與謊言》（*Secret & Lies*）獲得坎城影展金棕櫚獎

1997
- 成立音樂專門頻道（Mnet），開始推進廣播電視事業

1998
- 韓國第一家影城CGV江邊11開幕

2000
- 成立CJ娛樂
- 韓國第一個頂級「Golden Class」影廳開幕

2002
- CJ娛樂在韓國科斯達克上市

2003
- CJ娛樂進軍演出事業

2004
- 獨立藝術電影專用影廳「獨立電影館」（現，CGV藝術之家）開幕

2006
- 亞洲No.1綜合娛樂頻道tvN開台
- CGV首次進軍海外（中國上海CGV大寧）

2015

- 電影《重返20歲》刷新中韓合作電影票房記錄
- 健全的大韓民國文化生態界的心開始，文化創造融合中心成立
- MCN產業新品牌「DIA」成立
- 《請回答1988》創下有線電視台最高收視率，掀起熱潮

2014

- 音樂事業部宣布引入Label體制，「建構和企劃公司相輔相成的體制」
- 電影《鳴梁：怒海交鋒》動員1761萬觀影人次（歷代票房冠軍）

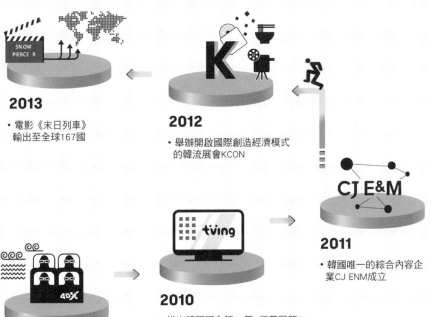

2013

- 電影《末日列車》輸出至全球167國

2012

- 舉辦開啟國際創造經濟模式的韓流展會KCON

2011

- 韓國唯一的綜合內容企業CJ ENM成立

2010

- 推出韓國國內第一個N螢幕服務Tving
- 有線電視歷代最高收視率，引起大韓民國選秀節目熱潮的Mnet《Super Star K 2》

2009

- CGV上岩首推全世界第一個五感體驗影廳CGV 4DX
- 舉辦亞洲最大音樂盛典MAMA（Mnet Asian Music Awards）
- 電影《大浩劫》，CJ電影最初突破千萬觀眾人次

CJ集團‧韓流爆紅經營術

從製糖公司走向韓國第一影視帝國，席捲全球浪潮的 **7** 大致勝關鍵

作者高成連 (고성연)
譯者黃莞婷
主編趙思語
責任編輯黃雨柔(特約)
封面設計羅婕云
內頁美術設計李英娟

發行人何飛鵬
PCH集團生活旅遊事業總經理暨社長李淑霞
總編輯汪雨菁
行銷企畫經理呂妙君
行銷企劃專員許立心

出版公司
墨刻出版股份有限公司
地址：台北市104民生東路二段141號9樓
電話：886-2-2500-7008／傳真：886-2-2500-7796
E-mail：mook_service@hmg.com.tw
發行公司
英屬蓋曼群島商家庭傳媒股份有限公司城邦分公司
城邦讀書花園：www.cite.com.tw
劃撥：19863813／戶名：書虫股份有限公司
香港發行城邦 (香港) 出版集團有限公司
地址：香港灣仔駱克道193號東超商業中心1樓
電話：852-2508-6231／傳真：852-2578-9337
製版‧印刷漾格科技股份有限公司
ISBN978-986-289-688-4‧978-986-289-685-3 (EPUB)
城邦書號KJ2045 **初版**2022年1月 **二刷**2022年3月
定價450元
MOOK官網www.mook.com.tw
Facebook粉絲團
MOOK墨刻出版 www.facebook.com/travelmook
版權所有‧翻印必究

國家圖書館出版品預行編目資料

CJ集團.韓流爆紅經營術：從製糖公司走向韓國第一影視帝國,席捲全球浪潮
的7大致勝關鍵/高成連作；黃莞婷譯. -- 初版. -- 臺北市：墨刻出版股份有
限公司出版：英屬蓋曼群島商家庭傳媒股份有限公司城邦分公司發行,
2022.1
284面；14.8×21公分. -- (SASUGAS ; 45)
譯自：CJ의 생각 (CJ CONCEPT)
ISBN 978-986-289-688-4(平裝)
1.CJ公司 2.企業經營
494　　　　110019382